工业和信息化普通高等教育“十三五”规划教材立项项目
普通高等学校计算机教育“十三五”规划教材

# 计算机与互联网

Computer and Internet

周翔 张廷萍 主编
周建丽 胡勇 杨芳明 刘玲 副主编

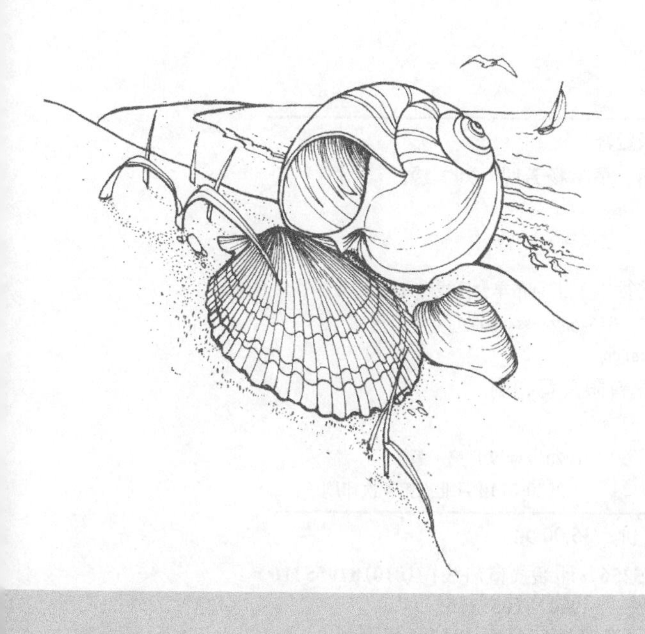

人 民 邮 电 出 版 社
北 京

图书在版编目（CIP）数据

计算机与互联网 / 周翔，张廷萍主编. -- 北京 ：人民邮电出版社，2019.9（2020.10重印）
普通高等学校计算机教育“十三五”规划教材
ISBN 978-7-115-51462-2

Ⅰ. ①计… Ⅱ. ①周… ②张… Ⅲ. ①电子计算机－高等学校－教材②互联网络－高等学校－教材 Ⅳ. ①TP3

中国版本图书馆CIP数据核字(2019)第160258号

## 内容提要

本书按“分而治之”的思想，将计算机与互联网相关的内容分为上下两篇，较为系统地讲解了与计算机和互联网相关的基础知识。上篇主要介绍计算机基础理论知识，包括计算机概述、计算机系统的组成、计算机中信息的表示和程序设计基础；下篇主要介绍与互联网相关的知识，包括计算机网络、云计算、大数据和物联网。

本书适合作为高等学校计算机专业的计算机导论课程的教材，非计算机专业的大学计算机基础、计算思维导论、计算科学导论等课程的教材，也可作为对计算机基础知识感兴趣的计算机爱好者及各类自学人员的参考书。

◆ 主　　编　周　翔　张廷萍
副 主 编　周建丽　胡　勇　杨芳明　刘　玲
责任编辑　张　斌
责任印制　陈　犇

◆ 人民邮电出版社出版发行　　北京市丰台区成寿寺路 11 号
邮编　100164　　电子邮件　315@ptpress.com.cn
网址　http://www.ptpress.com.cn
北京九州迅驰传媒文化有限公司印刷

◆ 开本：787×1092　1/16
印张：10.75　　　2019 年 9 月第 1 版
字数：261 千字　　　2020 年 10 月北京第 4 次印刷

定价：35.00 元

读者服务热线：(010) 81055256　印装质量热线：(010) 81055316
反盗版热线：(010) 81055315
广告经营许可证：京东市监广登字 20170147 号

# 前言

本书作为高等学校“大学计算机基础”课程的教材，根据大学计算机基础课程教学标准和要求编写而成。本书注重适应课程多模式、个性化的具体要求，教师可以按照实际授课的要求，每 2 学时讲授 1 章，合理分布授课内容。全书分成 8 章，具有模块化的特点，教师可根据授课需要进行选用。

本书分上下两篇。上篇是计算机基础理论知识，共 4 章，讲授 8 学时，建议所有学生必修，其主要内容包括计算机概述、计算机系统的组成、计算机中信息的表示和程序设计基础。下篇为互联网相关知识，共 4 章，讲授 8 学时，建议理工类学生必修，文科、体育、艺术类学生可以适当减少学时，其主要内容包括计算机网络、云计算、大数据和物联网。

本书每章后都附有一定难度的习题，教师可将其作为课堂测试题，也可以留做课下作业。此外，本书还提供教案、课件、教材习题答案等配套资源，读者可登录人邮教育社区（www.ryjiaoyu.com）下载。读者也可扫描二维码进行在线学习。

本书由周翔、张廷萍担任主编，周建丽、胡勇、杨芳明、刘玲担任副主编，全书由周翔、张廷萍统稿。课程组的刘华、张颖淳、贺清碧、刘颖、陈松、钟佑明、刘洋、姬长全、何友全等也参与了本书的规划，提出了许多宝贵意见和具体方案，并参与了收集资料等工作，在此一并表示感谢。

编　者

2019 年 7 月

# 目 录

## 上篇 计算机基础理论知识

# 下篇 互联网相关知识

# 上篇
# 计算机基础理论知识

# 第 1 章 计算机概述

Computer Science is no more about computers than astronomy is about telescope.

——Edsger Wybe Dijkstra

计算机科学的研究范畴不仅仅是计算机，就像天文学的研究范畴不仅仅是望远镜。

——艾兹格·W. 迪科斯彻

学习目标

- 了解计算机的发展及趋势
- 掌握计算机的分类方法
- 了解计算机的应用领域

电子计算机（Electronic Computer）简称计算机，是一种处理信息的电子机器，它能自动、高速、精确地对信息进行存储、传送与加工处理。计算机及其应用已渗透到社会生活的各个领域，有力地推动了信息化社会的发展。掌握以计算机为核心的信息技术基础知识，具备使用计算机的应用能力，是当代大学生应该具备的基本素质。

## 1.1 计算机的产生与发展

### 1.1.1 计算机的产生

计算是人类生产活动中必需的工作，从古代的“结绳计数”开始，人类一直在寻找更为先进的计算工具。计算工具的演化经历了由简单到复杂、从低级到高级的不同阶段，从“结绳计数”中的绳结到算筹、算盘、计算尺、计算器，它们在不同的历史时期发挥了各自的历史作用，也孕育了现代电子计算机的雏形和设计思路。

机械计算机的诞生可以追溯到 1614 年，苏格兰数学家约翰·纳皮尔（John Napier）发表的一篇论文，其中提到他发明了一种可以进行四则运算和方根运算的精巧装置。此后的几百年，世界各国的科学家们一直都执着地探索研究，从计算钟、计算尺、加法装置、乘法器到差分机、分析机。1936 年，英国皇家科学院研究员、著名的数学家与逻辑学家艾伦·麦席森·图灵（Alan Mathison Turing）在一篇论文中提到一种十分简单但是运算能力极强的理想计算装置，该装置在计算机发展史上被称为“图灵机”（Turing Machine，TM）。图灵机被认为是计算机的基本理论模型，其基本思想是用机器来模拟人类用纸笔进行数学运算的过程，从而奠定了计算机理论的基础。

1946 年 2 月，由美国宾夕法尼亚大学的物理学家约翰·莫克特（John Mauchly）和工程师普雷斯伯·埃克特（Preper Eckert）率领的团队研制成功了第一台通用电子计算机，取名为埃尼阿克（Electronic Numerical Integrator and Calculator，ENIAC）。ENIAC 由 18000 多个电子管、1500 多个继电器组成，耗电 150kW·h、占地 160m$^2$、重达 30t，是一个庞然大物。ENIAC 具有划时代的意义，它宣告了电子计算机时代的到来，为计算机的高速发展迈出了第一步。

### 1.1.2 计算机的发展

**1．计算机发展的 4 个阶段**

自 1946 年第一台电子计算机问世以来，计算机科学与技术已成为发展最快的一门学科，尤其是微型计算机的出现和计算机网络的应用，使计算机的应用渗透到社会的各个领域；但是计算机的结构和工作原理并没有改变，只是电子器件的发展促使了计算机的不断发展，根据计算机采用的物理元器件，可将计算机的发展分为 4 个阶段。

（1）第一代电子计算机（1946—1953 年）

第一代电子计算机是电子管计算机。其基本特征是采用电子管作为计算机的逻辑元件；数据表示主要是定点数；用机器语言或汇编语言编写程序。第一代电子计算机体积庞大，造价很高，主要用于军事和科学研究工作。其代表机型有 IBM 650（小型机）、IBM 709（大型机）等。

（2）第二代电子计算机（1954—1963 年）

第二代电子计算机是晶体管电子计算机。其基本特征是逻辑元件逐步由电子管改为晶体管，内存所使用的器件大多使用铁氧体磁性材料制成的磁芯存储器。外存储器有了磁盘、磁带，外设种类也有所增加。与此同时，计算机软件也有了较大的发展，出现了 FORTRAN、COBOL、ALGOL 等高级语言。与第一代电子计算机相比，晶体管电子计算机体积小、成本低、功能强，可靠性大大提高。除了科学计算外，计算机还可用于数据处理和事务处理。其代表机型有 IBM 7090、CDC 76000 等。

（3）第三代电子计算机（1964—1970 年）

第三代电子计算机是集成电路计算机。随着固体物理技术的发展，集成电路工艺可以在几平方毫米的单晶硅片上集成由十几个甚至上百个电子元件组成的逻辑电路。其基本特征是逻辑元件采用小规模集成电路（Small Scale Integration，SSI）和中规模集成电路（Middle Scale Integration，MSI）。第三代电子计算机的运算速度每秒可达几十万次到几百万次。其存储器进一步发展，体积越来越小，价格越来越低，而软件越来越完善。这一时期，计算机同时向标准化、多样化、通用化、机种系列化发展。高级程序设计语言在这个时期有了极大的发展，并出现了操作系统和会话式语言，计算机开始广泛应用于各个领域。其代表机型有 IBM 360。

（4）第四代电子计算机（1971 年至今）

第四代电子计算机称为大规模集成电路电子计算机。进入 20 世纪 70 年代以来，计算机逻辑元件采用大规模集成电路（Large Scale Integration，LSI）和超大规模集成电路（Very Large Scale Integration，VLSI），在硅半导体上集成了大量的电子元器件。集成度很高的半导体存储器代替了服役达 20 年之久的磁芯存储器。目前，计算机的运算速度一般可以达到每秒千万亿次浮点运算。而且，其操作系统不断完善，应用软件也已成为现代工业的一部分。

**2. 计算机发展的趋势**

随着计算机技术的发展以及信息社会对计算机不同层次的需求，当前计算机正在向巨型化、微型化、网络化和智能化方向发展。

（1）巨型化

巨型化是指计算机向高速运算、大存储量、高精度的方向发展。其运算能力一般在每秒百亿次以上。巨型计算机主要用于尖端科学技术的研究开发，如模拟核试验、破解人类基因密码等。巨型计算机的发展集中体现了当前计算机科学技术发展的最高水平，推动了计算机系统结构、硬件和软件理论及技术、计算数学以及计算机应用等多个学科分支的发展。巨型机的研制水平标志着一个国家的科技水平和综合国力。

（2）微型化

微型化是指计算机向使用方便、体积小、成本低和功能齐全的方向发展。由于大规模和超大规模集成电路的飞速发展，微处理器芯片连续更新换代，微型计算机成本不断下降，加上功能强大且易于操作的软件和外围设备（即外设），微型计算机得到了更广泛的应用。其中，笔记本电脑、平板电脑及智能手机以更优的性能价格比受到人们的青睐。

（3）网络化

网络化是指利用通信技术和计算机技术，把分布在不同地点的计算机互连起来，按照网络协议相互通信，以达到所有用户均可共享软件、硬件和数据资源的目的，方便快捷地实现信息交流。随着互联网及物联网的迅猛发展和广泛应用，无线移动通信技术的成熟以及计算机处理能力的不断提高，面向全球化应用的各类新型计算机和信息终端已成为主要产品，特别是移动计算机网络、云计算等已成为产业发展的重要方向。

（4）智能化

智能化是要求计算机具有人工智能，能模拟人的感觉，具有类似人的思维能力，集“说、听、想、看、做”为一体，即让计算机具备进行研究、探索、联想、图像识别、定理证明和理解人的语言等功能，这也是第五代计算机要实现的目标。

总之，未来的计算机将是微电子技术、光学技术、超导技术和电子仿生技术等相结合的产物，将产生人工智能计算机、多处理机、超导计算机、纳米计算机、光计算机、生物计算机、量子计算机等。可以预测，21 世纪的计算机技术将给我们的世界再次带来巨大的变化。

## 1.2 计算机的分类

随着计算机技术的发展和应用的深入，计算机的类型越来越多样化。早期的计算机按照它们的计算能力进行分类，将每秒运行亿次以上的计算机称为巨型机，而以下的则依次划分为大型机、中型机、小型机和微型机。随着硬件技术的发展，目前微型机的运算速度都达到了每秒几十亿次，巨型机达到了百万亿次以上，速度的差距正在不断缩小，沿用过去的分类方法显然不太科学。另外，自计算机诞生以来，信息技术产业的发展一直非常迅速，各种新技术层出不穷，计算机的性能不断提高，应用范围也逐渐渗透到各行各业，因此，很难对计算机进行一个精确的类型划分。

综合考虑计算机的性能、应用和市场分布情况，目前大致可以将计算机分类为高性能计算机、微型计算机、嵌入式系统等。

## 1.2.1 高性能计算机

高性能计算机是指目前运算速度最快、处理能力最强的计算机。目前运算速度比较快的是美国的 Summit 计算机。它是 IBM 公司和美国能源部橡树岭国家实验室（Oak Ridge National Laboratory，ORNL）推出的超级计算机，理论峰值能够每秒执行 20 亿亿（$2\times10^{17}$）次的“浮点数操作”。高性能计算机数量不多，但具有重要和特殊的用途。在军事方面，它可用于战略防御系统、大型预警系统、航天测控系统等；在民用方面，它可用于大面积物探信息处理系统、大型科学计算和模拟系统等。

我国的金怡濂院士（2002 年国家最高科学技术奖的获得者）在 20 世纪 90 年代初提出了一个研制超大规模、高性能计算机的全新的跨越式的方案。这一方案把巨型机的峰值运算速度从每秒 10 亿次提升到每秒 3000 亿次以上，跨越了两个数量级，闯出了一条中国高性能计算机赶超世界先进水平的发展道路。

近年来，我国高性能计算机的研发取得了巨大的成绩，自“863 计划”实施以来，国家高度重视并且支持超级计算系统的研发。由国家并行计算机工程技术研究中心研制、安装在国家超级计算无锡中心的“神威·太湖之光”超级计算机以每秒 12.5 亿亿次的峰值计算能力以及每秒 9.3 亿亿次的持续计算能力，在 2016—2017 年连续 4 次在全球超级计算机排名榜 TOP500 名列榜首。“神威·太湖之光”由 40 个运算机柜和 8 个网络机柜组成。每个运算机柜比家用的双门冰箱略大，打开柜门，4 块由 32 个运算插件组成的超节点分布其中。每个插件由 4 个运算节点板组成，一个运算节点板又含两块“申威 26010”高性能处理器。也就是说，一台机柜就有 1024 块处理器，整台“神威·太湖之光”共有 40960 块处理器。

## 1.2.2 微型计算机

微型计算机又称个人计算机（Personal Computer，PC）。自 IBM 公司 1981 年采用 Intel 的微处理器推出 IBM PC 以来，微型计算机因其小、巧、轻、便以及价格便宜等优点在过去的一段时间里得到迅速发展，成为计算机的主流。今天，微型计算机的应用已经遍及社会的各个领域，从工厂的生产控制到政府的办公自动化，从商店的数据处理到家庭的信息管理，几乎无所不在。

微型计算机的种类有很多，主要分为台式计算机（Desktop Computer)、笔记本电脑（Notebook）和平板电脑等。

## 1.2.3 嵌入式系统

嵌入式系统是将微机或微机的核心部件安装在某个专用设备之内，对这个设备进行控制和管理，使设备具有智能化操作的特点。例如，在手机中嵌入 CPU、存储器、图像和音频处理芯片、操作系统等计算机的芯片或软件，就能使手机具有上网、摄影、播放等功能。嵌入式计算机系统在我们的生活中应用广泛，单片机、POS 机（电子收款机）、ATM 机（自动柜员机）、全自动洗衣机、数字电视机、数码相机等都属于嵌入式系统。嵌入式计算机与通用计算机最大的区别是运行固化的软件，用户很难或不能改变。

# 1.3 计算机的应用

计算机的应用已渗透到社会的各个领域，正在改变着人们的工作、学习和生活的方式，推动着社会发展。可以毫不夸张地说，计算机在现代人的生活中已经成为必不可少的工具，应用于人们生活的各个方面，其应用领域非常宽广，归纳起来主要有以下几个方面。

## 1.3.1 科学计算

科学计算即数值计算，指用于完成科学研究和工程技术中有关数学问题的计算，它是电子计算机应用最基础的领域。计算机运算的高速度、高精度是目前人工以及任何一种其他的计算工具都无法达到的。随着社会的进步和科学技术的发展，各领域中计算的类型日趋复杂，人工或一般的计算工具无法解决这些复杂且又十分庞杂的问题，而电子计算机则是一个十分得力的助手，尤其表现在天文学、量子科学、地震、大气物理等领域。例如，根据 24 小时内的气象预报，求解描述大气运动规律的微分方程，以得到天气及其他数据，预报下一个 24 小时内的天气状况。如果用以前的传统计算方法需要花费几个星期，这样既使计算出了数据也已毫无价值了，但如果用一般的中小型电子计算机则只需几分钟就能得到近 24 小时的准确数据。

## 1.3.2 数据处理

数据处理即非数值计算，指对大量的数据进行加工处理，如分析、合并、分类、统计、查询、筛选等从而形成有用的信息。科学计算要求运算速度快、精度高，而数据处理的要求与科学计算不同，其数据量大，计算方法简单。

早在 20 世纪 50 至 60 年代，一些银行、公司和政府机关就纷纷利用计算机来处理账册，管理仓库或统计报表。目前数据处理广泛应用于办公自动化、企业管理、文物管理、情报检索、电子政务、电子商务中，从数据的收集、存储、整理到检索统计，应用范围日益扩大，很快就超过了科学计算，成为最大的计算机应用领域。电子计算机从发明之初用于数值计算，而后应用于数据处理，这是计算机发展史上的一个里程碑。

## 1.3.3 辅助工程

目前应用比较广泛的计算机辅助工程有计算机辅助设计（Computer Aided Design，CAD），计算机辅助制造（Computer Aided Manufacturing，CAM）、计算机辅助教育（Computer Based Education，CBE）等。

（1）CAD 是指用计算机来帮助各类人员进行设计，是目前应用最广泛的计算机辅助工程。CAD 广泛应用于飞机设计、船舶设计、建筑设计、机械设计、汽车设计、大规模集成电路设计等领域。采用 CAD 后不但降低了设计人员的工作量，提高了设计速度，更重要的是提高了设计质量。

（2）CAM 是指用计算机对生产设备进行管理、控制和操作的技术。应用最为广泛的是 20 世纪 50 年代出现的数控机床，由于数控机床具有生产精度高、产品质量好等特点，又可用自动编程工具（Automatically Programmed Tools，APT）语言自动编程，特别适合生产批量小、品种多、形状复杂的零件。

作为计算机在制造技术中应用的一个重要领域是计算机集成制造系统（Computer Integrated Manufacturing System，CIMS）。CIMS 是集设计（CAD）、制造（CAM）、管理（Business Data Processing，BDP）3 种功能于一体的现代化生产系统，从 20 世纪 80 年代迅速发展起来成为一种新的生产模型，具有生产效率高、生产周期短等优点，是 21 世纪制造工业的主要生产模式。

（3）CBE 包含计算机辅助教学（Computer Assisted Instruction，CAI）、计算机辅助测试（Computer Aided Test，CAT）和计算机管理教学（Computer Management Instruction，CMI）。CBE 技术可以对整个教学系统以至学校全面的工作进行管理；可以方便地把教学内容编辑成教学软件，让学习者根据自己的需要与喜好选择不同的内容，并在计算机的帮助下开展学习；也可以在网络支持下开展远程教育。

### 1.3.4 过程控制

过程控制又称实时控制，指利用计算机实时采集检测数据，按最佳值迅速地对控制对象进行自动控制或调节。计算机过程控制已经在冶金、石油、化工、纺织、水电、机械、航天等领域得到广泛应用。利用计算机进行过程控制，不仅可以大大提高控制的自动化水平，而且可以提高控制的及时性和准确性，从而改善劳动条件、提高质量、节约能源、降低成本。

### 1.3.5 人工智能

从计算机应用系统角度看，人工智能（Artificial Intelligence，AI）是研究如何制造智能机器或智能系统来模拟人类智能活动的能力，以延伸人类智能的科学，是一门涉及信息学、逻辑学、认知学、思维学、系统学和生物学的交叉学科。人工智能已在知识处理、模式识别、机器学习、自然语言处理、博弈论、自动定理证明、自动程序设计、专家系统、知识库、智能机器人等多个领域取得实用成果。

目前人工智能主要的应用领域有机器人、模式识别、专家系统、机器学习、人工神经网络、自动定理证明等。

（1）机器人是集机械、电子、控制、计算机、传感器、人工智能等多学科及前沿技术于一体的高端装备，是制造技术的制高点，可以看成由计算机控制的模仿人的行为动作的机器。其中应用最广泛的是工业机器人。它由事先编好的程序控制，去完成一些重复性的操作，这在生产流水线上十分有用，可以提高生产效率、保证产品质量。另一类“智能机器人”虽然具有感知、识别的能力，但与人类的智能比起来，智能仅仅相当于几岁的孩童。这方面的工作进展还比较缓慢，因此还有许多工作等待我们去做。总体来说，机器人系统正向智能化系统的方向不断发展。

（2）模式识别就是研究图形（包括符号、图像）识别和语音识别，其实质是抽取被识别对象的特征与已知对象的特征进行比较、判别。例如，智能机器人的视觉系统与听觉系统，就是对从外界获取的图形、图像与语音进行识别后做出正确的动作。模式识别还可广泛用于指纹识别、眼底识别、面部识别等系统中，计算机的语音输入和手写输入也属于这一类。

（3）专家系统是依靠人类专家已有的知识建立起来的知识系统，是一种具有特定领域内大量知识与经验的程序系统。它应用人工智能技术、模拟人类专家求解问题的思维过程求解领域内的各种问题，其水平可以达到甚至超过人类专家的水平。目前专家系统是人工智能研究中开展较早、最活跃、成效最多的领域之一，被广泛应用于医疗诊断、地质勘探、文化教育等多个方面。

（4）机器学习是一种能够赋予机器学习的能力以此让它完成直接编程无法完成的功能的方法。但从实践的意义上来说，机器学习是一种先利用数据训练出模型，然后使用模型进行预测的方法。机器学习是数据通过算法构建出模型并对模型进行评估，评估的性能如果达到要求就拿这个模型来测试其他的数据，如果达不到要求就调整算法来重新建立模型，并再次进行评估，如此循环往复，最终获得满意的经验来处理其他的数据。

（5）人工神经网络是从研究人脑的奥秘中得到启发，试图用大量的处理单元（人工神经元、处理元件、电子元件等）模仿人脑神经系统工程结构和工作机理，通过范例的学习，修改了知识库和推理机的结构，达到实现人工智能的目的。在人工神经网络中，信息的处理是由神经元之间的相互作用来实现的，知识与信息的存储表现为网络元件互连间分布式的物理联系，网络的学习和识别取决于各神经元连接权值的动态演化过程。人工神经网络能帮助人类扩展对外部世界的认识和智能控制。

（6）自动定理证明是指利用计算机证明非数值性的结果，即确定真假值。早期研究数学系统的机器是 1926 年由美国加州大学伯克利分校研制的。

此外，人工智能的应用领域还包括智能检索、自然语言处理、智能决策支持、机器翻译等。

## 习题 1

**一、单项选择题**

1. 个人计算机属于（　　）。

A. 微型计算机　　B. 小型计算机

C. 中型计算机　　D. 小巨型计算机

2. 你认为最能反映计算机主要功能的是（　　）。

A. 计算机可以代替人的脑力劳动　　B. 计算机可以存储大量信息

C. 计算机是一种信息处理机　　D. 计算机可以实现高速度计算

**二、简答题**

1. 简述计算机各发展阶段的特征。
2. 什么是 CAD/CAM/CAI?
3. 简述计算机的发展趋势。
4. 什么是嵌入式系统?

# 第 2 章 计算机系统的组成

First we build the tools，then they build us.

——Marshall Mcluhan

开始的时候，我们创造工具，后来它们造就我们。

——马歇尔·麦克卢汉

学习目标

- 熟悉计算机系统的组成方式
- 熟悉计算机硬件系统组成及其工作原理
- 熟悉计算机软件系统组成
- 了解微型计算机硬件系统组成方式
- 了解微型计算机软件系统组成方式

计算机系统由硬件系统和软件系统两部分组成。硬件系统由元器件、电路板、零部件等物理实体和物理装置构成，是组成计算机系统的各种物理设备的总称，也是构成计算机系统的基础和有形实体；软件系统是工作于硬件系统之上的各种程序、数据和文档的总称。

## 2.1 计算机硬件系统

一般计算机硬件系统的主要组成部件有运算器、控制器、存储器、输入设备和输出设备五大部分，以及将这五大部件连接为一体的总线。

### 2.1.1 运算器

运算器（Arithmetic & Logic Unit，ALU）又称为算术、逻辑运算单元，它主要由算术逻辑运算单元、标志寄存器、通用寄存器组等构成。运算器的主要功能是完成算术运算、逻辑运算和移位运算。其中，算术运算即通常的加、减、乘、除运算；逻辑运算即逻辑的与运算、或运算、异或运算和非运算；移位运算主要完成数据的左移、右移、循环左移和循环右移等操作。

### 2.1.2 控制器

控制器（Control Unit，CU）主要由程序计数器、指令寄存器、指令译码器、时序控制器、微操作控制电路组成，其主要功能是完成取指令、取操作数和指令译码，并在已译码指令动作信号的控制下，指挥、控制和协调计算机内各部件的工作。在微型计算机中，人们将运算器和控制器合称为中央处理器（Center Processing Unit，CPU）。

### 2.1.3 存储器

存储器是计算机内程序和数据的存储部件，按其功能和作用分为主存和辅存两部分，其中主存又称为内存，辅存又称为外存。

**1. 主存**

主存是指在计算机系统运行过程中居于主要地位的存储部件。计算机在运行过程中，CPU不断地与主存进行数据交换，完成程序的运行。主存的特点是：存取速度快，信息不能长期保存，单位价格高，存储材料统一，均由半导体材料构成。主存又分为两大类：随机存取存储器（Random Access Memory，RAM）和只读存储器（Read Only Memory，ROM）。在2.4节将会进行详细介绍。

**2. 辅存**

辅存是指在计算机系统运行过程中居于辅助地位的存储部件。它主要在计算机运行过程中为主存提供后备程序和数据，并在通常情况下，保存系统所需程序和数据。辅存的主要特点是：存取速度慢，信息能长期保存，单位价格低，存储材料不统一。现有的辅存主要包括磁性材料构成的辅存（如固定硬盘、移动硬盘和磁带等），光学材料构成的辅存（如光盘）以及半导体材料构成的辅存（如U盘）等。

**3. 与存储器相关的知识**

（1）容量单位及换算

与存储容量相关的单位主要有位（bit，缩写为b）、字节（Byte，缩写为B）、千字节（KB）、兆字节（MB）、吉兆字节（GB）和太字节（TB）。其中，位是信息表示的最小单位，每一位只能表示一个0或1；而字节是信息存储的最小单位。各种单位之间的换算关系如下：

1Byte=8bit

1KB=1024B=$2^{10}$B

1MB=1024KB=$2^{20}$B

1GB=1024MB=$2^{30}$B

1TB=1024GB=$2^{40}$B

1PB=1024TB=$2^{50}$B

1EB=1024PB=$2^{60}$B

1ZB=1024EB=$2^{70}$B

1YB=1024ZB=$2^{80}$B

（2）字长

字长指的是计算机一次加工和访问数据的长度。字长分为CPU字长和存储器访问字长，其中，CPU字长就是CPU一次加工和处理数据的最大长度。我们通常所说的8位机、16位机、32位机和64位机等，其中的8位、16位、32位和64位指的就是CPU的字长；内存的字长则是指CPU一次访问内存数据的最小长度。

（3）地址

地址就是内存最小访问单元的编号，计算机系统将每8位作为一个最小访问单元，即以字节为单位，将内存从第一个字节地址开始分别指定为 0，1，2，3，…，依此类推，其中的每一个编号则称为对应存储单元的地址，CPU 就是根据存储单元地址实现对内存数据单元的读写访问操作的。

### 2.1.4　输入设备

输入设备就是向计算机系统提供信息输入的设备。现有计算机系统的输入设备种类繁多，主要有键盘、鼠标、触摸屏、摄像头、光笔和扫描仪等，其中最主要的输入设备是鼠标和键盘。

### 2.1.5　输出设备

输出设备就是能将计算机系统处理后的信息输出和显示的计算机设备。现有计算机系统的输出设备主要有显示器、打印机、绘图仪等，其中最主要的输出设备是显示器和打印机。

### 2.1.6　总线

计算机系统内通过总线将各设备连接起来实现数据通信和数据交互。总线就是计算机系统内各设备之间、设备内各功能元件之间进行数据通信的公共通路，其中设备内元件与元件之间的总线称为内总线，设备与设备之间的总线称为外总线。总线按功能可分为数据总线（Data Bus，DB）、地址总线（Address Bus，AB）和控制总线（Control Bus，CB）。2.4 节将会对这三类总线进行详细介绍。

### 2.1.7　计算机系统逻辑结构

运算器、控制器、存储器、输入设备和输出设备共同构成了计算机的硬件系统部分，其逻辑结构如图 2-1 所示，控制器通过内存读取程序指令，并经指令译码后发出相应控制信息控制和协调运算器、存储器、输入设备和输出设备的工作，由输入设备向内存送入输入数据信息，并由内存送控制器处理后，控制器再将处理后的信息送存储器，并在控制器的控制下送输出设备，从而将结果输出。

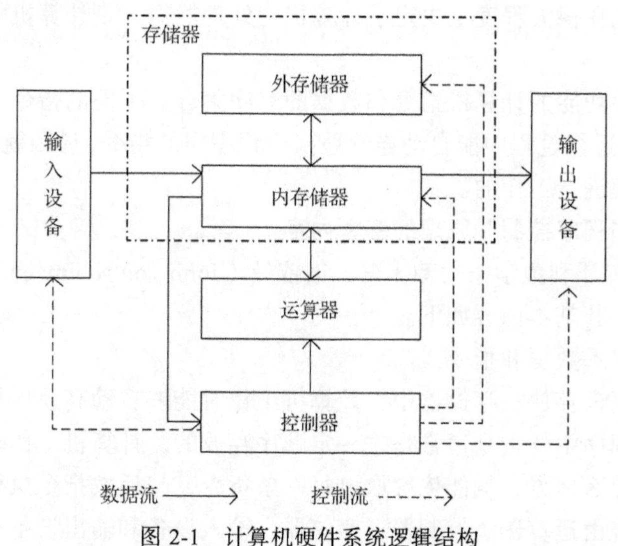


图 2-1　计算机硬件系统逻辑结构

# 2.2 计算机的工作原理

虽然现在的计算机系统在性能指标、运算速度、工作方式、应用领域和价格等方面与几十年前的计算机相比有很大的差别，功能也越来越强大，但其基本的工作原理没有改变，沿用的仍然是冯·诺依曼原理——“存储程序和程序控制”工作原理，该原理奠定了现代电子计算机的基本组成与工作方式的基础。

## 2.2.1 “存储程序和程序控制”工作原理

### 1. 计算机的指令

计算机是一种机器，每台机器都要听从人的指挥，按指挥来完成规定的动作。当利用计算机完成某项工作时，必须先制订好该项工作的解决方案，再将其分解成计算机能够识别并能执行的基本操作命令。这些命令在计算机中称为机器指令，每条指令都规定了计算机要执行的一种基本操作。

机器指令是一组二进制形式的代码，由一串“0”和“1”排列而成。一条指令通常包括两部分内容，即操作码和操作数。操作码指出机器执行什么操作，如加、减、乘、除、存数和取数等操作；操作数指出该指令在执行过程中要参与操作的数据，通常为存储操作数的地址信息。机器指令格式如图 2-2 所示。

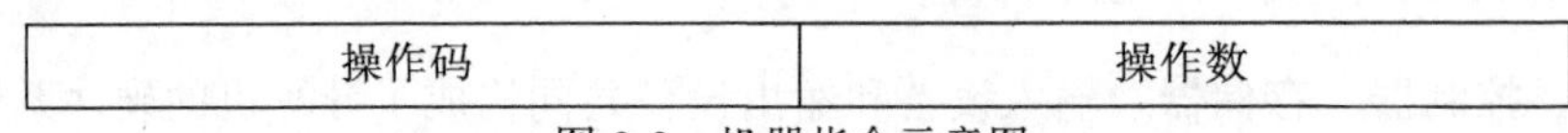

| 操作码 | 操作数 |
|---|---|

图 2-2　机器指令示意图

每台计算机都规定了一定数量的基本指令，这些指令的总和称为计算机的指令系统。不同 CPU 系列的计算机的指令系统，拥有的指令种类和数目是不相同的，它们可能存在很大的差异。但一般一台计算机的指令越多、越丰富，则该计算机的功能就越强。

计算机指令系统在很大程度上决定了计算机的处理能力，是计算机的一个主要特征。

### 2. 程序

程序是完成某种功能的计算机指令和数据的有序集合。不同的指令序列，可实现不同的功能。计算机在程序运行过程中能自动连续地执行程序中的指令，原因就在于计算机是按“存储程序”的工作原理进行工作的。

### 3. “存储程序和程序控制”原理的基本内容

1946 年 6 月，匈牙利数学家约翰·冯·诺依曼（John von Neumann）提出了“存储程序和程序控制”原理，其基本内容如下。

（1）用二进制表示数据和指令。

（2）指令与数据都存放在存储器中，计算机工作时能够自动高速地从存储器中取出指令和数据进行操作。程序中的指令通常是按一定顺序存放的，计算机工作时，只要知道程序的第一条指令存放在什么地方，就能依次取出每一条指令，然后按指令执行相应的操作。

（3）计算机系统由运算器、控制器、存储器、输入设备和输出设备五大部件组成，并规定了其相应的功能。

### 2.2.2 计算机的工作过程

计算机的工作过程就是操作人员通过“输入设备”将程序及原始数据送入计算机的“存储器”中存放待命；当计算机运行时，就从“存储器”中取出指令并送到“控制器”中识别，分析该指令要求做什么事，“控制器”根据指令的含义发出相应的微命令序列，例如，将某存储单元中存放的操作数取出来送往“运算器”进行运算，再将运算结果送回到“存储器”指定的单元中；任务完成后，根据指令将结果通过“输出设备”输出。

计算机只能识别二进制的“机器指令”，所有通过输入设备输入的指令都要先由计算机“翻译”成它能够识别的机器指令，再根据指令的顺序逐条执行。指令的执行过程分为读取指令、分析指令和执行指令 3 个过程。

**1. 读取指令**

CPU 的控制器中有一个程序计数器（Program Counter，PC），它的作用是存放当前正在运行指令的下一条指令的地址，它能够在 CPU 读取某条指令后，自动加 1，从而指向下一条指令的地址，若 CPU 在执行指令的过程中遇见一条指令为转移指令，则 CPU 自动将转移指令操作码后的转移地址赋给 PC 计数器，从而实现程序的转移。

CPU 按照程序计数器的地址，从内存中取出指令，并送往 CPU 中的指令寄存器。这里的寄存器指的是 CPU 内部的数据存储部件，它一般划分为若干个功能不一的寄存器。指令寄存器就是用于存放指令的寄存器。

**2. 分析指令**

计算机可对指令寄存器中存放的指令进行分析，先由译码器对操作码进行译码，将指令操作码转换成相应的控制信号，再由操作数地址码确定操作数的地址。

**3. 执行指令**

指令的操作码指明了该指令要完成的操作类型或性质，由操作控制线路发出完成该操作所需的一系列控制信息，去完成该指令所要求的操作。

一条指令执行完后，程序计数器自动加 1 或将转移地址码送入程序计数器，然后又开始新一轮的读取指令、分析指令和执行指令的过程，直到所有的指令执行完毕。

计算机在运行时，不断地从内存中读取指令到 CPU 中执行，执行完后，再从内存中读出下一条指令到 CPU 中，CPU 不断地读取指令、执行指令。当一个程序的所有指令都执行完后，该程序的所有任务也就执行完了。

## 2.3 计算机软件系统

软件是指计算机系统中的程序及其文档。软件是计算机在日常工作时不可缺少的，它可以扩充计算机的功能和提高计算机的效率，是计算机系统的重要组成部分。根据所起的作用不同，计算机软件可分为系统软件和应用软件两大类。

### 2.3.1 系统软件

系统软件是指负责管理、监控、维护计算机硬件和软件资源的一类软件，可用来发挥和扩展计算机的功能及用途，提高计算机的工作效率。系统软件包括操作系统、程序设计语言及其处理程序（如汇编程序、编译程序、解释程序等）、数据库管理系统、系统服务程序、故障诊断程序、调试程序和编辑程序等工具软件。系统软件处于硬件和应用软件之间，具有计算机各种应用所需的通用功能，是支持应用软件的平台。

**1. 操作系统**

操作系统（Operating System）是最基本的系统软件，是管理和控制计算机中所有软件、硬件资源的一组程序。操作系统直接运行在裸机之上，是对计算机硬件系统的第一次扩充。也只有在操作系统的支持下，计算机才能运行其他软件。从用户的角度来看，硬件系统加上操作系统可构成一台虚拟机，为用户提供一个方便、友好的使用平台。因此，可以说操作系统是计算机硬件系统与其他软件的接口，也是计算机和用户的接口。操作系统在计算机系统层次结构中的位置如图 2-3 所示。

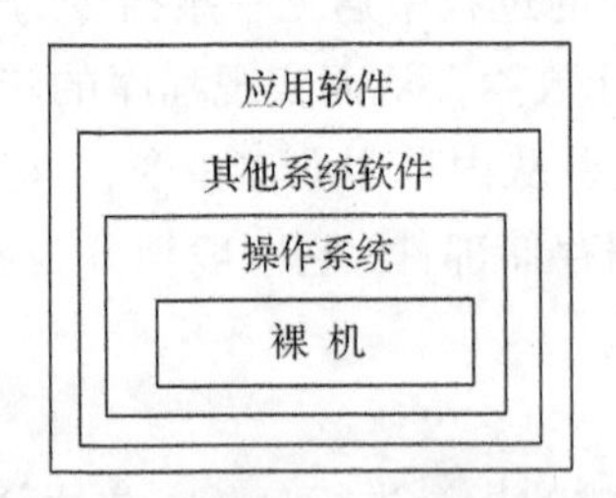


图 2-3 计算机系统层次结构

（1）操作系统按任务处理的方式可以分为单任务操作系统和多任务操作系统。

① 单任务操作系统就是在操作系统的控制和调度下，只有当前一个任务处理完毕，才能处理下一个任务，如 DOS 操作系统。

② 多任务操作系统就是在操作系统的控制和调度下，允许多个任务同时运行。多任务操作系统又分为分时操作系统和实时操作系统。分时操作系统管理时，将 CPU 工作时间划分为多个时间片段，轮流切换给各个任务程序使用，当分配的时间片段结束后，任务程序放弃对 CPU 的占用。每个任务程序何时分配到 CPU 的时间片段没有严格的时间要求，如 Windows 操作系统。而实时操作系统则是运行的多个任务在时间片的分配上有严格的时序要求，任务之间不能打乱顺序。这样的多任务操作系统一般用于工业控制系统。

（2）操作系统从用户管理的角度可以分为单用户操作系统和多用户操作系统。

① 单用户操作系统是指在一台计算机上只有一个用户账号，不能创建其他用户账号，所有用户都在同一账号下使用计算机系统。这样的系统对于用户文件没有私密性可言，不利于保护用户的隐私，也不利于保护用户文件的安全。

② 多用户操作系统是指在一台计算机上可以创建多个用户账户，系统赋予系统管理者超级用户的权限，可以创建或删除其他用户账户。多用户操作系统有利于保护用户文件的安全性和保密性。

（3）操作系统从管理计算机的数量方面又可以分为单机操作系统和网络操作系统。

① 单机操作系统就是我们通常用的个人机操作系统。

② 网络操作系统就是具有网络管理功能的操作系统。

**2. 其他系统软件**

系统软件中还包括各种语言处理系统，用于将高级语言翻译成机器语言；数据库管理系统，用于对数据进行加工、管理和维护等；服务程序，用于提供一些常用服务，如诊断程序、调试程序和编辑程序等。

### 2.3.2 应用软件

应用软件是用户为解决实际问题而开发的专门程序，通常分为两类。第一类是针对某个应用领域的具体问题开发的程序，它具有很强的实用性、专业性。这些软件可以是计算机类公司开发的，也可以是企业人员自己开发的，正是这些专业软件的应用，使得计算机日益渗透到社会的各行各业。但这类软件使用范围小、通用性差、开发成本较高、软件的升级和维护有一定局限性。第二类是一些大型专业软件公司开发的通用型应用软件。

## 2.4 微型计算机系统的组成

微型计算机也称个人计算机（Personal Computer，PC）或微机，是计算机中发展最快的一类，正是微型计算机的出现才使计算机的应用得到了普及，使计算机成为人们生活、工作中的重要伙伴。

1981 年，美国 IBM 公司推出了第一台面向个人用户的微型计算机，如图 2-4 所示。它选用了美国 Intel 公司的 Intel 8088 CPU 和其他配套的一系列集成电路制成系统板，还选用了 5.25 in（1in=2.54cm）的软盘驱动器和单面记录容量为 160KB 的软磁盘。它的显示器类似美国 NTSC 制式的彩色电视机，是低分辨率的 CGA 彩色显示器。这在当时来说是一种性能好、功能强、价格便宜的新型计算机，并且它的许多技术甚至是核心技术都对外开放，因此很快就风靡了世界。在 IBM PC 的市场影响和共同利益的驱使下，其他公司的微机产品纷纷与之兼容，从而使 IBM 机型成为微型计算机的一种标准，并沿用至今，即目前所谓的 PC 兼容机。所谓“兼容”是指硬件的可互换性和软件的通用性，如 CPU 和外围芯片组 Chipset、系统总线的扩展插槽标准、标准键盘接口、系统的基础软件 ROM BIOS（主要有 AMI、AWARD 和 Phoenix 三家产品）、系统输入/输出端口地址（Input/Output Port Address）等的充分兼容性。

图 2-4 IBM PC 之父埃斯特利和第一台 IBM PC

最常见的微型计算机的外观形式有两种，一种是图 2-5 所示的台式计算机，另一种是图 2-6 所示的便携式个人微机（即笔记本电脑、掌上电脑等）。

图 2-5 台式计算机

图 2-6 便携式个人微机

微型计算机系统由硬件系统和软件系统组成，其组成如图 2-7 所示。

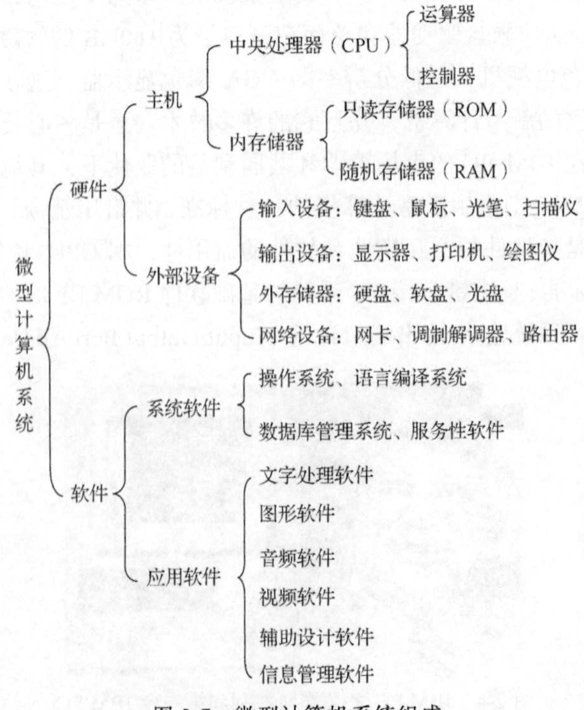


图 2-7 微型计算机系统组成

## 2.4.1　微型计算机硬件结构

微型计算机为了节省空间，实现微型化要求，在硬件结构上采用总线（Bus）结构将 CPU、存储器、输入设备、输出设备等硬件连接起来，如图 2-8 所示。

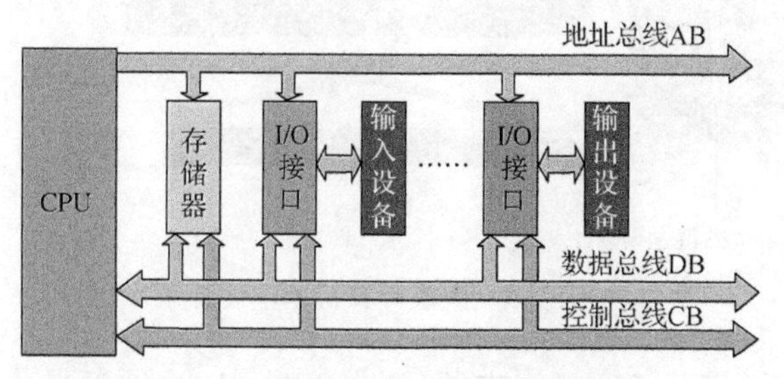


图 2-8　微型计算机的总线结构图

总线是指计算机系统中能够被多个部件共享的一组公共信息传输线路。微机主板上的总线是传输数据的通道，就物理特性而言是一些并行的印刷电路导线，通常根据传输信号的不同将它们分别称为数据总线（Data Bus，DB）、控制总线（Control Bus，CB）和地址总线（Address Bus，AB）。

**1. 数据总线**

数据总线就是在计算机组件之间进行数据传输的公共通路，用于 CPU 与内存或 I/O 接口之间的数据传递。一般数据总线的信息传输采用的是双向数据传输（可送入 CPU 也可由 CPU 送出），它的线数即总线宽度取决于系统采用的 CPU 的字长指标，如 16 位机，其数据总线宽度是 16 条，它可以同时访问连续的两个内存单元；若是 32 位机，其数据总线宽度是 32 条，也就是 CPU 能一次连续访问 4 个内存单元。系统总线的宽度是指其数据线的位数，即数据线的条数。

**2. 控制总线**

控制总线就是在计算机组件之间进行控制信息传输的通路，其传输的控制信息是由控制设备向受控设备发出的完成某种操作的控制信息，如 CPU 要读取内存数据时，会向内存发出读操作信号。它的条数由 CPU 的字长决定，信息传送是单向的，只能由 CPU 发出。

**3. 地址总线**

地址总线就是用来传输地址信息的传输公共通路，其数据通信方向是单向传递，CPU 向内存或相关外设的接口设备发出地址信号，用于选择相应的内存单元或设备端口。它的线数与系统采用的 CPU 的地址线宽度一致，决定了 CPU 直接寻址的内存容量。

地址总线的位数决定了 CPU 可直接寻址的内存空间大小，例如，8 位微机的地址总线为 16 位，则其最大可寻址空间为 $2^{16}$=64KB；16 位微机的地址总线为 20 位，则其最大可寻址空间为 $2^{20}$=1MB。一般来说，若地址总线为 $n$ 位，则其最大可寻址空间为 $2^n$ 位。

## 2.4.2　微型计算机硬件系统

从外部看，微机的基本硬件包括主机箱、显示器（Display 或 Monitor）、键盘（Key-Board）和鼠标（Mouse）等，如图 2-9 所示。

图 2-9　微型计算机基本硬件

主机箱里包括主板（Main Board）、电源（Power Supply）、硬盘驱动器（Hard Disk Driver）、光盘驱动器（CD-ROM Driver）、CPU 和风扇，以及插在主板 I/O 总线扩展槽（Input/Output Bus Expanded Slots）上的各种系统功能扩展卡等，如图 2-10 所示。

图 2-10　主机箱内部结构图

1. 主机

主机是安装在一个主机箱内所有部件的统一体，其中除了功能意义上的主机，还包括电源和若干构成系统所必不可少的外部设备及接口部件。

（1）主板

主板（Main Board）又称系统板（System Board）或母板（Mother Board），是装在主机箱中的一块最大的多层印刷电路板，其任务是维系 CPU 与外部设备之间协同工作，不出差错。主板上分布着构成微机主系统电路的各种元器件和接插件。尽管它的面积不同，但基本布局和安装孔位都有严格的标准，使其能够方便地安装在任何标准机箱中。主板的性能不断提升而面积并不增大，主要原因是采用了集成度极高的专用外围芯片组和非常精细的布线工艺。

主板是微机的核心部件，其性能和质量基本决定了整机的性能和质量。主板上装有多种集成电路，如中央处理器（Central Processing Unit，CPU）、专用外围芯片组（Chipset 或 Chips）、只读存储器基本输入/输出系统软件（Read Only Memory-Basic Input/Output System，ROM-BIOS）、随机读写存储器（Random Access Memory，RAM），以及若干个不同标准的系统输入/输出总线的扩展插槽（System Input/Output Bus Expanded Slot）和各种标准接口等。主板及其上面的相关接口如图 2-11 所示。

图 2-11　主板示意图

① CPU 的插槽。

主板上的 CPU 插槽是安装 CPU 的基座，它们的结构、形状、插孔数、各个插孔的功能定义都不尽相同，因此不同 CPU 必须使用不同的插座。CPU 目前采用的主要接口方式有引脚式、卡式、触点式、针脚式等，其中最常用的接口方式是针脚式接口。不同类型的 CPU 接口，其插孔数、体积、形状都略有不同，所以不能互相接插。

Socket 是一个通用的插座接口规格，Intel 的 LGA 就是在 Socket 基础上衍生的。当然，Socket 也会因 CPU 针脚数的不同而有所区别。目前还在使用 Socket 的是除 Intel 外几乎所有的 CPU 厂商（包括国产）。与 Socket 插座对应的 CPU 的最大特点就是有很多金属针脚，Socket 插座外形如图 2-12 所示。

图 2-12　针脚式 Socket 插座

Intel 推出过一种 Slot 1 插座，是条形插槽，有 242 个触点，是单边接触直插式，AMD 也有类似的 Slot A 插座。Slot A 插座如图 2-13 所示。

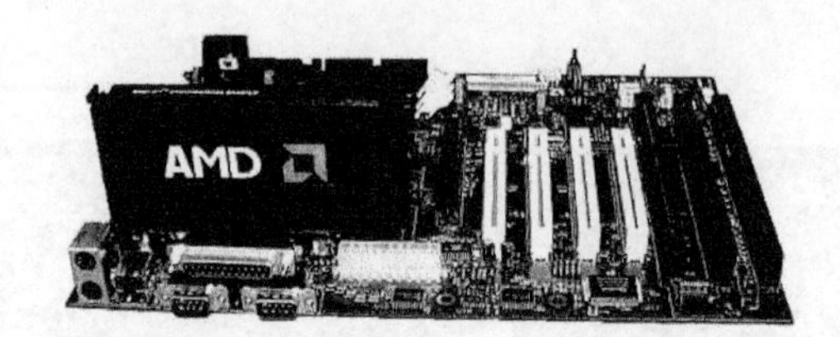


图 2-13　插卡式 Slot A 插座

② 外围芯片组。

外围芯片组是与各类 CPU 相配合的系统控制集成电路组，一般为两三个集成芯片，主要提供内存、总线、接口等的控制，包括 CPU 复位、地址总线控制、数据总线控制、中断控制、DMA 控制、定时器、振荡频率、浮点运算接口、Cache 控制、各种 I/O 总线和接口等。它通常分为南桥和北桥两个部分，北桥主要是连接主机的 CPU、内存等，南桥主要是连接总线、接口等。芯片组与 CPU 一样，都是决定计算机性能和功能的重要因素，我们在选择主板时首先要了解它采用了什么芯片组。

③ 系统 I/O 总线扩展插槽。

系统 I/O 总线扩展插槽（System I/O BUS Slots）是几个在主板上的标准插座。这些插槽均与主板上的系统输入/输出总线（包括数据总线、地址总线和控制总线）相连，我们把各种外部设备的适配器卡（Adapter Card）和系统功能扩展卡插入这些插槽，扩展电路板便与主系统电路连接起来，使更多的外设连入系统，从而使微机系统功能得以扩充。这些插槽按不同的国际标准分别称为 8 位 ISA 总线（也叫 PC BUS）、16 位 ISA 总线（也叫 AT BUS）、32 位 EISA 总线、32 位 VESA 总线（也叫 VL BUS）、32 位 PCI（Peripheral Component Interconnect）总线、32 位 AGP 总线，以及现在的 64 位总线等。

PCI 总线即外部设备互连总线，它的特点是使新外设（其实是在芯片级）能快速而简易地与主机连接起来，这也是其名称之由来。目前 PCI 扩展卡已成为微机高速扩展卡的主流，包括显示卡、声卡、网卡、视频卡、Modem 卡等。

PCI-E 插槽已经成为主板上的主力扩展插槽，除了显卡会用到 PCI-E 插槽外，诸如独立声卡、独立网卡、USB 3.0/3.1 接口扩展卡以及 SSD 等硬件都可以使用 PCI-E 插槽。PCI-E 主要有×1、×4、×8 和×16 四种，如图 2-14 所示。PCI-E ×16 插槽，主要用于显卡以及 RAID 阵列卡等。这个插槽拥有优良的兼容性，可以向下兼容×1/×4/×8 级别的设备。为了兼容性，PCI-E ×8 插槽通常加工成 PCI-E ×16 插槽的形式，但数据针脚只有一半是有效的。PCI-E ×4 插槽的长度为 39mm，同样是在 PCI-E ×16 插槽的基础上，以减少数据针脚的方式实现，主要用于 PCI-E SSD 固态硬盘，或者是通过 PCI-E 转接卡安装的 M.2 SSD 固态硬盘。PCI-E ×1 插槽的长度是最短的，仅有 25mm，相比 PCI-E ×16 插槽，其数据针脚大幅度减少至 14 个。PCI-E ×1 插槽的带宽通常由主板芯片提供，独立网卡、独立声卡、USB 3.0/3.1 扩展卡等都会用到 PCI-E ×1 插槽。

④ SATA 接口。

SATA（Serial Advanced Technology Attachment）接口采用串行连接方式。SATA 总线使用嵌入式时钟信号，具备了更强的纠错能力，其最大的特点在于能对传输指令（不仅仅是数据）进行检查，如果发现错误会自动矫正，这在很大程度上提高了数据传输的可靠性。串行接口还具有结构简单、支持热插拔的优点。SATA 接口如图 2-15 所示，主要用于连接具有串口的硬盘。

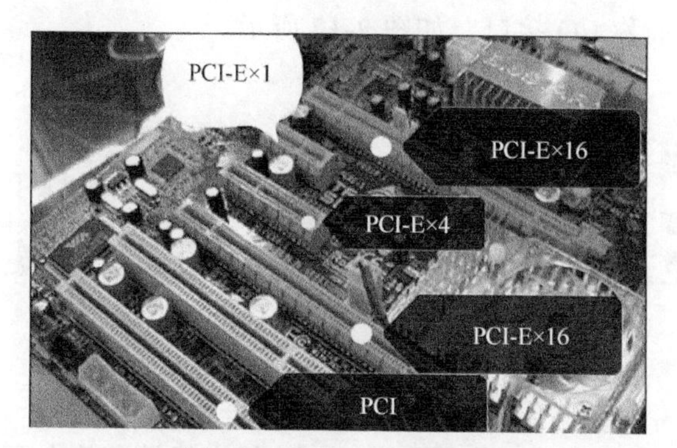


图 2-14　PCI-E 四种插槽

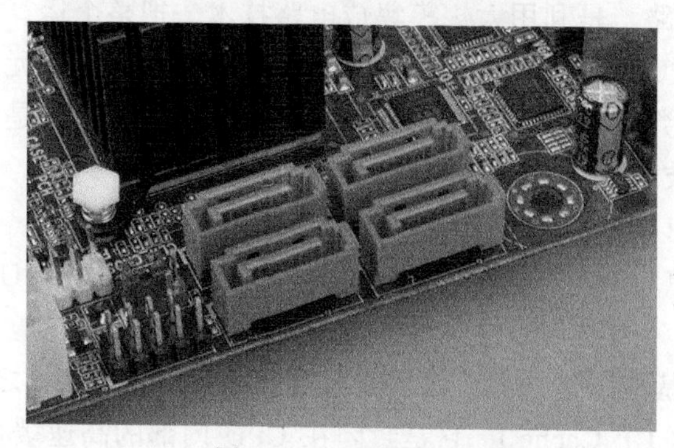

图 2-15　SATA 接口

⑤ M.2 接口。

M.2 是硬盘的一种接口，如图 2-16 所示，它的主要优势是比传统的 SATA 3.0 接口更小、速度更快。现在的 M.2 固态硬盘可以分为 SATA 通道和 PCI-E 通道两种，它们在外观上是相同的，但是在性能方面差距较大。用户在购买固态硬盘时，要先确认主板支持的通道与固态硬盘的通道是否兼容。即使固态硬盘能插到主板上，也可能出现无法识别的问题。

图 2-16　M.2 接口

⑥ 外置 I/O 接口（Input/Output Interface）。

主机与外界的信息交换是通过输入/输出设备进行的。一般的输入/输出设备都是机械的或机电相结合的产物，比如常规的外设有键盘、显示器、打印机、扫描仪、磁盘机、鼠标等，它们相对于高速的中央处理器来说，速度要慢得多。此外，不同外设的信号形式、数据格式也各不相同。因此，外部设备不能与 CPU 直接相连，需要通过相应的电路来完成它们之间的速度匹配、信号转换，并完成某些控制功能。我们通常把介于主机和外设之间的一种缓冲电路称为I/O接口电路，简称I/O接口，如图2-17所示。

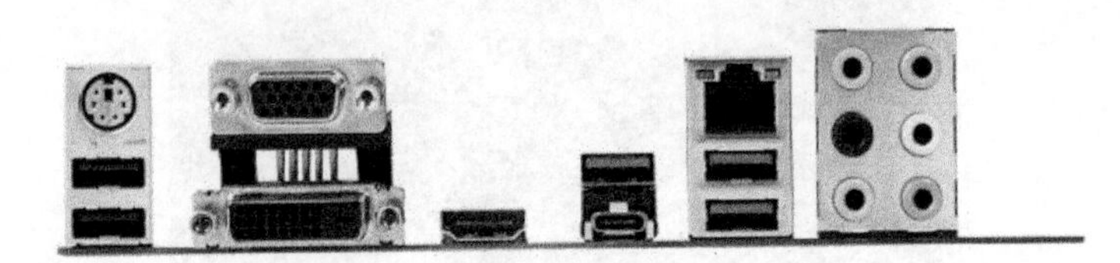

图2-17　外置I/O接口

（2）中央处理器

中央处理器又称微处理器（Micro-Processor），其内部是由几十万个到几百万个晶体管元件组成的十分复杂的电路，是利用大规模集成电路技术，把整个运算器、控制器集成在一块芯片上的集成电路。CPU内部可分为控制单元、逻辑单元和存储单元三大部分。这三大部分相互协调，完成分析、判断、运算并控制计算机各部分协同工作，是整个微机系统的核心。衡量CPU性能的主要技术参数如下。

① 主频：是指CPU的工作频率，单位用MHz或GHz表示。

② 字长：是指CPU可以同时传送数据的位数，字长较长的CPU处理数据的能力较强，精度也较高。

③ 外频：CPU的基准频率，单位为MHz。外频是CPU与主板之间同步运行的速度。

④ 一级高级缓存（L1 Cache）：它是封闭在CPU内部的高速缓存，用于暂时存储CPU运算时的部分指令和数据，容量单位一般为KB。

⑤ 二级高级缓存（L2 Cache）：一般与CPU封装在一起，可以提高内存和CPU之间的数据交换频率，提高计算机的总体性能。

著名的CPU生产厂商有Intel公司（目前主要产品有Core系列和Pentium系列）和AMD公司（目前主要产品有Athlon和Ryzen系列），如图2-18和图2-19所示。

图2-18　Intel Core i7 处理器

图2-19　AMD Ryzen 7 处理器

（3）内部存储器（主存）

微型计算机的内存由主板和内存条上安装的多种存储器集成电路组成，如只读存储器ROM、随机读写存储器RAM。内存用于存储CPU正在运行的程序和操作数据，即我们常说的"某文件常驻内存"或"某文件加载到内存"。主机配备的内存存储容量大小应根据系统运行的操作系统和应用程序的需要而定，如果要求运行复杂的操作系统或同时运行多个应用程序，所需内存就要更大一些。内存的重要指标有内存容量、内存速度、内存芯片种类等。

① 内存速度。

内存速度包括内存芯片的存取速度和内存总线的速度。内存芯片的存取速度即读、写内存单元数据的时间，单位是纳秒（ns）。1 秒（s）$=10^3$ 毫秒（ms）$=10^6$ 微秒（μs）$=10^9$ 纳秒（ns）。常用内存芯片的速度为几十纳秒，在存取时间的计算时，（以纳秒计算）数字越小表示速度越快。内存总线速度也称系统总路线速度，一般等同于 CPU 的外频。内存总线速度是指 CPU 与内存之间的工作频率。内存总线的速度由总线工作时钟决定，内存主频越高在一定程度上代表着内存所能达到的速度越快。内存主频决定着该内存最高能在什么样的频率正常工作。

② 内存芯片种类。

内存芯片分为只读存储器 ROM 和随机存取存储器 RAM 两大类。ROM 又分为可编程的 PROM、可用紫外线擦除可编程的 EPROM 和可用电擦除可编程的 EEPROM 等。RAM 又分为动态 DRAM、静态 SRAM、CMOS RAM 和视频的 VRAM 等。DRAM、SRAM、VRAM 等还有各种不同的类型。

只读存储器（Read Only Memory，ROM）是一种只能读取而不能写入的存储器，主要用于存放不需要改变的信息。这些信息由厂商通过特殊设备写入，关掉电源后存储器中的信息仍然存在。例如，基本输入/输出系统（Basic Input/Output System，BIOS），开机后首先执行 BIOS，并引导系统进入正常工作状态。BIOS 是微机系统的最基础程序，被固化在主板上的 ROM 中，因此也叫作 ROM BIOS。所谓“固化”是指 BIOS 程序以物理的方式保存在 ROM 芯片中，即使关机也不会丢失。BIOS 程序包含开机后的系统加电自检程序（Power On Self-Test，POST）、装入引导程序、外部设备（键盘、显示器、磁盘驱动器、打印机和异步通信接口等）驱动程序和时钟（日期和时间）控制程序等。这些程序在开机后由 CPU 自动顺序执行，使系统进入正常工作状态，以便引导操作系统。图 2-20 所示的芯片即为 ROM BIOS。

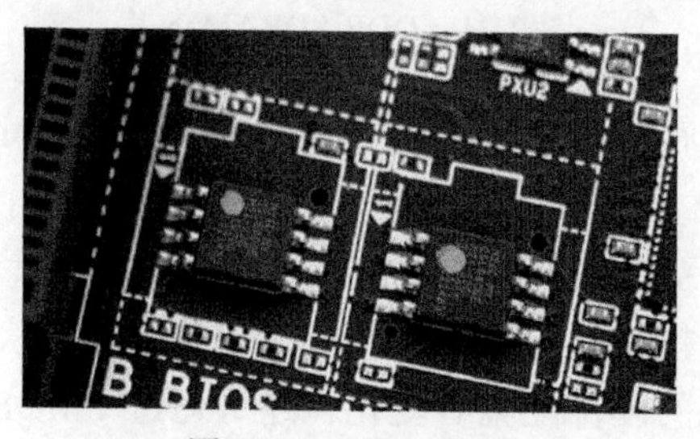


图 2-20　BIOS 芯片

随机存储器（Random Access Memory，RAM）即我们常说的内存，RAM 中的信息可以通过指令随时读出和写入，在工作时存放运行的程序和使用的数据，系统内存主要由这类芯片构成。它的功能是存储（或叫作“加载”）运行着的系统程序、应用程序和用户数据等。断电后 RAM 中的内容自行消失。

动态随机存储器（Dynamical RAM，DRAM）的基本存储电路为带驱动晶体管的电容。电容上有无电荷状态被视为逻辑 1 和 0。随着时间的推移，电容上的电荷会逐渐减少，为保持其内容必须周期性地对其进行刷新（对电容充电）以维持其中所存的数据，所以在硬件系统中也得设置相应的刷新电路来完成动态 RAM 的刷新，这样一来无疑增加了硬件系统的复杂程度。

静态随机存储器（Statical RAM，SRAM）的基本存储电路为触发器，每个触发器存放一位二进制信息，由若干个触发器组成一个存储单元，再由若干存储单元组成存储器矩阵，加上地址译码器和读/写控制电路就组成了静态 RAM。与动态 RAM 相比，静态 RAM 无须考虑保持数据而设置的刷新电路，故扩展电路较简单。但由于静态 RAM 是通过有源电路来保持存储器中的数据，因此，要消耗较多功率，价格也较高。

同步动态随机存储器（Synchronous Dynamic Random Access Memory，SDRAM）采用 3.3V 工作电压，带宽 64 位，SDRAM 将 CPU 与 RAM 通过一个相同的时钟锁在一起，使 RAM 和 CPU 能够共享一个时钟周期，以相同的速度同步工作。SDRAM 曾经是 PC 上最为广泛应用的一种内存类型。SDRAM 内存又分为 PC66、PC100、PC133 等不同规格，而规格后面的数字就代表着该内存最大的能正常工作的系统总线速度，如 PC100 就说明此内存可以在系统总线为 100MHz 的计算机中同步工作。

双倍速率同步动态随机存储器（Double Data Rate SDRAM，DDR SDRAM），人们习惯称之为 DDR，DDR 是目前使用用户较多的内存，如图 2-21 所示。SDRAM 在一个时钟周期内只传输一次数据，而 DDR1 在传输数据的时候在时钟脉冲的上升沿和下降沿都传输一次，所以数据传输频率就是核心频率的 2 倍，DDR2 内存的时钟频率是核心频率的 2 倍，同样还是上升边和下降边各传输一次数据，所以数据传输频率就是核心频率的 4 倍。DDR3 内存的时钟频率是核心频率的 4 倍，所以数据传输频率就是核心频率的 8 倍了。

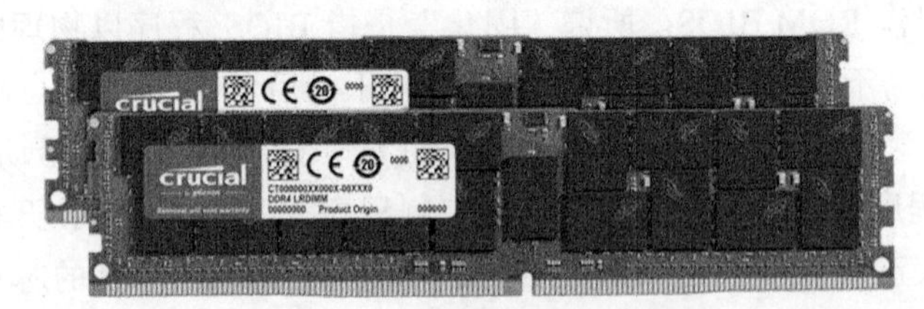


图 2-21　DDR SDRAM 芯片

CMOS RAM 即互补金属氧化物半导体 RAM 芯片，它的特点是耗电极少，关机后以一个 3.6V 左右的电池供电，就可以保证其内部存储的信息不丢失，同时它可读又可写。利用它的这些特点，可用它来存储系统的硬件配置信息，如系统时钟（日期和时间）、硬盘驱动器类型、软盘驱动器类型、显示模式、内存构成和硬件的特殊工作状态参数等，使得这些信息在关机后不会丢失。如果系统的硬件配置有变化，还可通过 CMOS Setup 程序进行相应改写。

**2. 外部存储设备**

外部存储器常用于存放系统文件、大型文件、数据库等大量程序与数据信息，它们位于主机范畴之外，常称为外部存储器，简称外存。常用的外部存储器有硬盘、光存储器、闪存盘（优盘）等。

（1）硬盘

硬盘驱动器是微型计算机的基本外部存储设备。目前常用的硬盘分为机械硬盘（Hard Disk Driver）和固态硬盘（Solid State Drive）两种。

① 机械硬盘。

机械硬盘的硬盘系统包括硬盘驱动器（内含硬盘）、连接电缆和硬盘适配器，现在硬盘适配器即接口控制部分集成在主板上。按其接口类型分为 IDE 接口、串行 ATA 接口、SCSI

接口和 SATA 等多种，目前使用最多的是 SATA 接口。主要的硬盘生产厂商有希捷、西部数据、三星等。机械硬盘外观如图 2-22 所示。

图 2-22　机械硬盘

机械硬盘内部的盘面可划分为磁面、磁道（柱面数）和扇区三个部分，一个硬盘含若干个磁性圆盘，每个盘片都有两个磁面，每个磁面各有一个读写磁头，每个磁面上的磁道数和每个磁道上的扇区数也因硬盘规格的不同而相异。硬盘的技术参数很多，其中柱面数、磁头数和扇区数称为硬盘的物理结构参数，常以“C/H/S”标注在硬盘的盘面上。

硬盘的存储容量（Size）指的是硬盘可以存储的数据字节数，它可以分为非格式化容量和格式化容量两种，单位为 MB、GB 或 TB，格式化容量一般为非格式化容量的 80%。格式化容量（GB）=柱面数 × 磁头数 × 扇区数 × 512 ÷ 1024 ÷ 1024 ÷ 1024。硬盘的容量也发展迅速，已经从过去的几百 MB，发展到现在以 TB 为单位。

机械硬盘的技术指标如下。

- 磁道（Track）：当磁头保持不动，盘片转动一周时，盘片表面被磁头扫过的一个圆周即为磁道。每一盘面均可分成若干个同心圆，即若干个磁道，其中最外层的是 0 磁道。0 磁道中存有文件分配表（FAT）信息。
- 扇区（Sector）：把每个磁道分成许多等长区段，每个区段叫作一个扇区（Sector）。一个扇区的存储容量通常为 512 字节。
- 簇（Cluster）：一个磁道上的一个或更多扇区可组合成一个簇，簇是用来存储文件信息的最小单位。
- 磁盘容量=磁面（数）× 磁道/磁面 × 扇区/磁道 × 字节/扇区。

硬盘磁道结构及磁道扇区划分如图 2-23 所示。

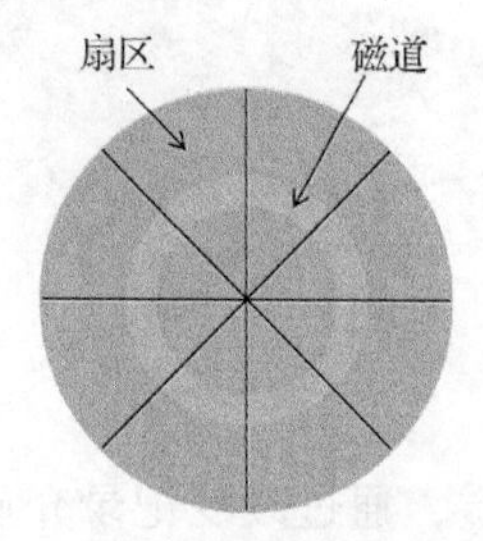


图 2-23　磁道结构及磁道扇区划分示意图

② 固态硬盘。

固态硬盘是用固态电子存储芯片阵列制成的硬盘，如图 2-24 所示，由控制单元和存储单元（Flash 芯片、DRAM 芯片）组成。固态硬盘的存储介质分为两种，一种是采用闪存（Flash 芯片）作为存储介质，另一种是采用 DRAM 作为存储介质。常用的固态硬盘的容量通常比机械硬盘小。

图 2-24 固态硬盘

③ 机械硬盘与固态硬盘的区别。

- 读写速度：固态硬盘采用闪存作为存储介质，读取速度比机械硬盘更快。
- 防震抗摔性：固态硬盘内部不存在任何机械部件，而机械硬盘都是磁碟型的，通过磁头读取数据，因此固态硬盘抗震抗摔性好于机械硬盘。
- 功耗：机械硬盘读取数据靠马达带动磁盘转动，而固态硬盘不用，因此固态硬盘在功耗上低于机械硬盘。
- 噪声：机械硬盘内部有机械马达和风扇，固态硬盘没有，因此机械硬盘有噪声，固态硬盘没有噪声。
- 轻便：机械硬盘相对固态硬盘要重一些，固态硬盘更轻便。
- 容量：通常情况下，机械硬盘的容量要比固态硬盘大。
- 寿命限制：固态硬盘闪存具有擦写次数限制的问题。
- 售价：机械硬盘的单位存储价格低于固态硬盘。

（2）光盘驱动器和光盘

光盘驱动器简称光驱，它是读取光盘信息的设备。光驱读取数据的速度称为倍速，它是衡量光驱性能的重要指标，单倍速的速度是 150kbit/s，所以 50 倍速的光驱的数据传输速率为 50 × 150kbit/s=7500kbit/s，如图 2-25 所示。

图 2-25 光驱

光盘采用磁光材料作为存储介质，通过改变记录介质的折光率来保存信息，根据激光束反射光的强弱来读出数据。光盘的存储格式有 CD 和 DVD 两种。其中，根据性能和用途的不同，CD 光盘又可分为只读型光盘（CD-ROM）、只可一次写入型光盘（CD-R）和可重写型光盘（CD-RW）三种；DVD 光盘又可分为只读的 DVD-ROM 和可擦写的 DVD-RAM 等。光盘外观如图 2-26 所示。

图 2-26　光盘外观

随着光技术的不断进步，成本的不断降低，光盘刻录机的使用已经十分普及。光盘刻录机按照功能可以分为 CD-RW 和 DVD-RW 两种。刻录机的主要性能指标包括读取速度、写入速度和复写速度，其中写入速度是最重要的指标，它直接决定了刻录机的性能、档次与价格。

（3）其他外部存储设备

闪存（Flash Memory）是移动的存储产品，主要通过 USB、PCMCIA 等接口与计算机相连接，目前最常见的是 USB 闪存盘，如图 2-27 所示。

图 2-27　闪存盘

（4）磁盘阵列（Magnetic Disk Array）

磁盘阵列是用多台磁盘存储器组成的大容量的外存储子系统。其在阵列控制器的组织管理下，能实现数据的并行、交叉或单独存储操作，利用个别磁盘提供数据所产生的加成效果提升整个磁盘系统效能。利用这项技术，可将数据切割成许多区段，分别存放在各个硬盘上。

（5）移动硬盘

移动硬盘是以硬盘为存储介质，计算机之间交换大容量数据，强调便携性的存储产品。移动硬盘多采用 USB、IEEE 1394 等传输速度较快的接口，可以较高的速度与系统进行数据传输，它具有容量大、单位存储成本低、速度快、兼容性好、即插即用等优点。

**3. 输入设备**

微型机的输入设备主要包括键盘、鼠标、扫描仪、光笔、数字化仪、条形码阅读器、数码摄像机、数码相机、话筒、触摸屏等。

（1）键盘

键盘（KeyBoard）是微机系统最早使用和最基本的输入设备，如图 2-28 所示。尽管随着图形用户界面的出现，鼠标在很大程度上替代了键盘的操作功能，但在字符输入等方面键盘还有其独特的优势。101 键键盘是目前普遍使用的标准键盘。104 键键盘配合 Windows，增加了 3 个直接对“开始”菜单和窗口菜单操作的按键。键盘上的按键按其功能分为以下 4 个区。

- 主键盘区：它与标准的英文打字机键盘的排列基本一样。
- 功能键区：共 12 个键，F1～F12，分别由软件指定它们的功能。
- 编辑键区：包括文本编辑时常用的几个功能键，如移动插入点、上下翻页、插入/改写、删除等。
- 数字/编辑键区：键盘最右边的一个类似计算器的小键盘。具有编辑和输入数字两种功能（用 Num Lock 键切换）。

图 2-28　键盘

（2）鼠标

鼠标（Mouse）是伴随着图形用户操作界面软件的出现而出现的，也是微机的重要输入设备。目前几乎所有的应用软件都支持鼠标输入方式。特别是 Windows 这类操作系统，对许多人来说，如果离开了鼠标，只用键盘还真是难以操作。目前微机常用的鼠标为光电式（光学）鼠标，如图 2-29 所示。

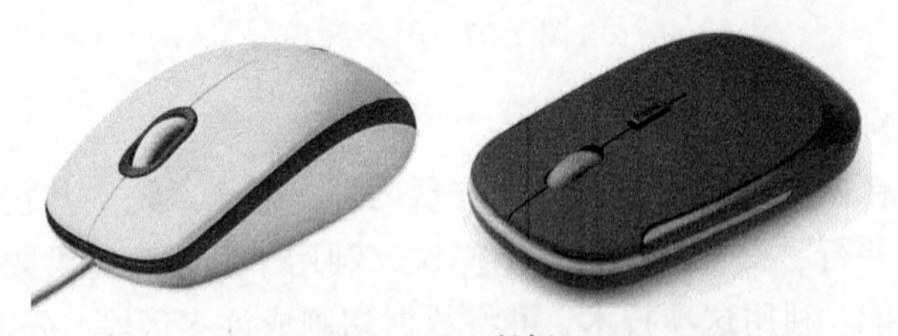

图 2-29　鼠标

鼠标有 5 种基本操作：指向、单击、双击、拖动和右键单击。

（3）扫描仪

扫描仪可以把彩色印刷品、照片和胶片等的图像输入计算机，并保存为文件，以方便之后进行图像处理。还可以使用光学字符识别软件（Optical Character Recognition，OCR）将印刷品中的字符从图像形式自动转换为文本中的字。目前扫描仪已经成为与微机系统配套使用的基本图像输入设备。著名的扫描仪生产厂商有 MICROTEK、MUSTEK、HP、CONTEX，以及国内的联想、方正等厂商，如图 2-30 所示。

图 2-30　扫描仪

（4）数码相机

数码相机也称数字式照相机，如图 2-31 所示，与普通光学相机相比，它的最大优点在于数字化信号便于处理、保存和传送。数码相机的外观和基本操作方法与普通相机类似，但自动化程度更高。数码相机的关键部件是电荷耦合器件（Charge Couple Device，CCD）。CCD 由高感光度的半导体材料构成，它可以将光线的强度形成电荷的积累，再由模/数转换电路转换成数字信号，照片数字信号经过压缩后保存到相机内部的闪存存储卡或微型硬盘中。数码相机的主要性能指标有像素、分辨率、存储容量、变焦性能和接口类型。

图 2-31　数码相机

### 4. 输出设备

微型计算机常见的输出设备包括屏幕显示设备、打印机、绘图仪等。

（1）屏幕显示设备

屏幕显示设备用于将输入的数字信号转换为图像信息输出，包括显示卡（Video Card）和显示器。

① 显示卡

显示卡简称显卡，如图 2-32 所示，是 CPU 与显示器之间的接口电路，因此也称为显示适配器，显示系统性能的高低主要由显示卡决定。显示卡的作用是在 CPU 的控制下将主机送来的显示数据转换为视频和同步信号送到显示器，再由显示器形成屏幕画面。目前计算机上配置的显卡大部分为 AGP 接口，这样的显卡本身具有加速图形处理的功能，相对于 CPU 而言，常常将这种类型的显卡称为 GPU。

图 2-32　显卡

② 显示器

显示器主要有阴极射线管器（Cathode Ray Tube，CRT）显示器、液晶显示器（Liquid Crystal Display，LCD）、发光二极管（Light Emitting Diode，LED）显示器以及等离子显示器（Plasma Display Panel，PDP）等类型。液晶显示器是目前的主流产品，如图 2-33 所示。微型计算机显示系统的指标高低首先取决于显示卡，即由显示卡决定着输出视频信号的质量。但是，如果没有同样高指标的显示器，即使有了高质量的视频信号，也不可能实现高质量的显示画面。显示器是微机最主要的输出设备，通过显卡和计算机相连接。

根据显示器的颜色可分为单色显示器和彩色显示器。显示器的屏幕尺寸有 17 英寸、21 英寸、27.5 英寸和 29 英寸等。分辨率也是显示器的一项技术指标，一般用“横向点数 × 纵向点数”表示，根据屏幕比例不同主要有 1024 × 768、1280 × 1024、1600 × 1200、1920 × 1080、2560 × 1440 等几种，分辨率越高则显示效果越清晰。显示器的点距表示屏幕上荧光点间的距离。根据屏幕纵横比的不同，比较常见的规格有 0.20、0.25、0.26、0.28、0.31、0.39（单位：mm）等，点距越小则显示效果越清晰。显示器的刷新频率表示每分钟屏幕画面更新的次数，液晶显示器的刷新频率一般是 60～75Hz。

图 2-33　液晶显示器

（2）打印机

打印机是计算机需要配备的基本输出设备，它的作用是将计算机中的文本、图形等转印到普通纸、蜡纸、复写纸和投影胶片等介质上，形成“硬拷贝”，便于使用和长期保存。按照转印原理的不同，常用打印机可分为针式打印机、激光打印机和喷墨打印机三大类，如图 2-34 所示。针式打印机属于有触点打印，其余均属于无触点打印。打印机通过计算机的 USB 接口或并行接口与主机相连，还要接受计算机的专门打印命令的控制。因此，打印系统除了包含打印机本身，还包含打印机连接电缆和打印机驱动程序。

图 2-34　三种类型的打印机

打印机的主要技术指标有：打印速度，用 CPS（字符/秒）表示；打印分辨率，用 DPI（点/英寸）表示；最大打印尺寸。

（3）绘图仪

常见的绘图仪有两种：平板式与滚筒式。平板式绘图仪通过绘图笔架在 $x$、$y$ 平面上移动而画出向量图。滚筒式绘图仪的绘图纸沿垂直方向运动，绘图笔沿水平方向运动，由此画出向量图，如图 2-35 所示。

图 2-35　绘图仪

## 2.4.3　微型计算机软件系统

硬件建立了计算机的物质基础，而各种软件则扩大了计算机的功能。硬件和软件共同构成了微型计算机系统，其结构如图 2-36 所示。

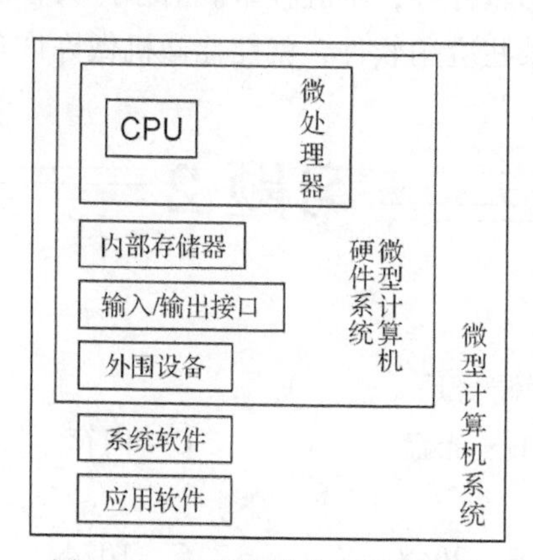


图 2-36　微型计算机系统的结构

### 1. 常用系统软件

微型计算机中常用的系统软件如下。

（1）操作系统

① Windows 操作系统

Windows 是美国微软（Microsoft）公司为个人计算机开发的一种操作系统，它提供给用户的人—机交流环境是图形窗口界面。

在 Windows 环境中，每个文件、文件夹和应用程序都可以用图标来表示，通过鼠标操作就可以完成文件的复制、删除和打印。另外，用户也可以在非常普通的用户界面中，存取计算机环境中的所有组件，包括文档、应用程序、网络成员、邮箱、打印机等。

② Linux 操作系统

Linux 是由芬兰科学家林纳斯·托瓦兹（Linus Torvalds）编写的一个操作系统内核。当时他还是芬兰赫尔辛基大学计算机系的一名学生，他把这个系统放在 Internet 上，允许公众自由下载。许多人对这个系统进行改进、扩充、完善，并做出了关键性的贡献，许多大型的计算机公司如 IBM、Intel、Oracle、Sun、Compaq 等都大力支持 Linux 操作系统。Linux 是一种和国际上流行的 UNIX 同类的操作系统，但是 UNIX 是商品软件，而 Linux 则是一种自由软件，它是遵循 GNU 组织倡导的通用公共许可证（General Public Licence，GPL）规则而开发的，其源代码可以免费向一般公众提供。

③ UNIX 操作系统

UNIX 是一种通用的、多用户交互式分时操作系统。它是目前使用广泛、影响较大的主流操作系统之一。由于它结构简练、功能强大，而且具有移植性好、兼容性较强以及伸缩性和互操作性强等特色，故被认为是操作系统的经典。

（2）其他系统软件

在微型计算机系统中使用的数据库管理系统有 MySQL、Oracle、SQL Server 等；语言处理程序有 Python、Java、C++等；还有若干系统服务程序等。

**2. 常用应用软件**

随着微机应用领域的日益扩展，应用软件也越来越多。例如，用于文字处理的 WPS、Word 等；用于绘画、作曲的创作工具软件；用于娱乐的游戏软件、音乐播放软件；用于学习新知识的教学软件、电子图书软件等，不胜枚举。对于广大普通用户而言，只要学会使用操作系统和有选择地学会使用某些应用软件，就能让微机做许许多多的工作。

## 习题 2

**一、单项选择题**

1. CPU 能直接访问的存储器是（　　）。

A. 软盘　　B. 光盘　　C. 内存　　D. 硬盘

2. 2KB=（　　）B。

A. 2000　　B. 2048　　C. 1024　　D. $2^{20}$

3. 机器指令是由二进制代码表示的，它能被计算机（　　）。

A. 编译后执行　　B. 解释后执行　　C. 汇编后执行　　D. 直接执行

4. 构成计算机物理实体的部件被称为（　　）。

A. 计算机系统　　B. 计算机硬件　　C. 计算机软件　　D. 计算机程序

5. 在计算机中，字节的英文名字是（　　）。

A. bit　　B. byte　　C. bou　　D. baud

6. 在计算机内存中，每个存储单元都有一个唯一的编号，称为（　　）。

A. 编号　　B. 容量　　C. 字节　　D. 地址

7. 一个完整的计算机系统应该包括（ ）。
   A. 主机、键盘和显示器
   B. 系统软件和应用软件
   C. 运算器、控制器和存储器
   D. 硬件系统和软件系统
8. 通常说的 1KB 是指（ ）。
   A. 1000 个字节
   B. 1024 个字节
   C. 1000 个二进制位
   D. 1024 个二进制位
9. “裸机”是指（ ）。
   A. 只装备有操作系统的计算机
   B. 不带输入/输出设备的计算机
   C. 未装备任何软件的计算机
   D. 计算机主机暴露在外
10. 计算机内存中的只读存储器简称为（ ）。
   A. EMS　B. RAM　C. XMS　D. ROM
11. 在计算机系统层次结构图中，操作系统应该处于第（ ）层。
   A. 1　B. 2　C. 3　D. 4
12. 在下列存储器中，存取速度最快的是（ ）。
   A. 软盘　B. 光盘　C. 硬盘　D. 内存
13. 从用户的角度看，操作系统是（ ）的接口。
   A. 主机和外设
   B. 计算机和用户
   C. 软件和硬件
   D. 源程序和目标程序
14. 在计算机系统中，指挥和协调计算机工作的主要部件是（ ）。
   A. 存储器　B. 控制器　C. 运算器　D. 寄存器
15. 操作系统是计算机系统中最重要的（ ）之一。
   A. 系统软件　B. 应用软件　C. 硬件　D. 工具软件
16. 微型计算机的主机是指（ ）。
   A. CPU 和运算器
   B. CPU 和控制器
   C. CPU 和存储器
   D. CPU 和输入/输出设备
17. 关于扫描仪，以下说法正确的有（ ）。
   A. 是输入设备
   B. 是输出设备
   C. 是输入输出设备
   D. 既不是输入又不是输出设备
18. 如果微机运行中突然断电，丢失数据的存储器是（ ）。
   A. ROM　B. RAM　C. CD-ROM　D. 磁盘
19. 下面关于总线的叙述中，正确的是（ ）。
   A. 总线是连接计算机各部件的一根公共信号线
   B. 总线是计算机中传送信息的公共通路
   C. 微机的总线包括数据总线、控制总线和局部总线
   D. 在微机中，所有设备都可以直接连接在总线上
20. “64 位微机”中的 64 指的是（ ）。
   A. 微机型号　B. 内存容量　C. 处理器字长　D. 存储单位
21. 静态随机访问存储器的简称是（ ）。
   A. RAM　B. ROM　C. SRAM　D. DRAM

22. 下面的存储设备中，既可读又可写的是（　　）。

A. 硬盘　　B. 光盘　　C. 掩膜式 ROM　　D. CD-RO

23. CPU 向内存发出读和写操作信号是通过下列哪类总线进行传输的（　　）。

A. 数据总线　　B. 地址总线　　C. 控制总线　　D. 内总线

24. 运算器的主要功能是（　　）。

A. 算术运算和逻辑运算

B. 内存数据的读写操作

C. 读取指令、指令译码和执行指令操作

D. 控制和协调计算机内各部件的工作

25. 下列关于内存地址说法正确的是（　　）。

A. 内存访问单元的编号　　B. 内存单元中的数据

C. 内存单元中的指令　　D. 内存的读写状态信息

26. 下列关于 CPU 的说法，错误的是（　　）。

A. CPU 由运算器和控制器构成

B. CPU 的主频越高，其处理速度越快

C. CPU 由运算器、控制器和存储器构成

D. CPU 是中央处理器或中央处理单元的简称

27. 下列关于地址总线的说法，正确的是（　　）。

A. 地址总线可实现双向地址信息传输

B. 地址总线所传递的地址信息是单向的，由 CPU 向内存输出的用于访问内存中该地址单元的地址信息

C. 地址总线可传递数据信息和命令信息

D. 地址总线可传递控制信息

28. 下列软件中属于系统软件的是（　　）。

A. Windows　　B. Office　　C. 财务管理软件　　D. CAD

29. 下列软件中属于应用软件的是（　　）。

A. UNIX　　B. Linux　　C. VC++　　D. Word

30. 下列设备中属于输入设备的是（　　）。

A. 打印机　　B. 显示器　　C. 绘图仪　　D. 扫描仪

**二、填空题**

1. 计算机的 CPU 由__________和__________两部分构成。
2. 计算机系统由__________和__________两部分构成。
3. 存储系统包括__________和__________两部分组成。
4. “存储程序和程序控制”原理是由__________提出的。
5. 控制器的主要功能是____________________。
6. 总线从功能上分为__________、__________和__________三大类。
7. 计算机系统中最常用的输入设备是__________和__________。
8. 计算机系统的软件分为__________和__________两类。
9. 计算机系统中最常用的输出设备是__________和__________。

10. 计算机的指令由__________和__________两部分组成。

11. 计算机系统内总线上传送的信息主要分为__________、__________和__________三类。

12. 随机访问存储器的英文简称是__________，只读存储器的英文简称是__________。

13. RAM 是__________的英文简称。

14. 计算机程序设计语言从翻译方式的角度分为__________和__________两类。

15. 计算机的外设主要由__________和__________两类构成。

16. 计算机程序设计语言中，面向对象程序设计语言的特点是__________。

17. 随机访问存储器分为__________和__________两类。

18. 只读存储器分为__________、__________、__________和__________4 种类型。

19. 程序设计语言中由用户自定义的函数称为__________，由系统定义的函数称为__________。

20. 控制器的主要功能是__________。

# 第3章 计算机中信息的表示

There are 10 kinds of people in the world，those that understand binary and those that don't.

——Anonymous

这世界上有10种人，一种是懂二进制的，一种是不懂的。

——佚名

学习目标

- 理解数据与信息的概念、特点及区别
- 理解数制的概念及特点
- 掌握二进制与十进制的相互转换方法
- 掌握二进制与八进制、十六进制的相互转换方法
- 掌握数值数据在计算机中的表示方法
- 理解非数值数据在计算机中的表示方法

计算机是处理信息的机器，信息处理的前提是信息的表示和存储。计算机内信息的表示形式是二进制数制编码，也就是说各种类型的信息都必须转换为二进制数制编码的形式，计算机才能进行存储和处理。本节主要介绍数据与信息、二进制、数值以及非数值数据的编码方法。

## 3.1 数据与信息

数据与信息是两个经常使用的概念，在信息技术领域，它们有着特定的内涵，下面分别加以讨论。

### 3.1.1 数据

在通常情况下，数据是指那些确定的、可以比较大小的数值。但在信息技术领域，“数据”一词所包括的内涵更广泛。

通常，数据是指记录在某种媒体上的可以识别的物理符号。国际标准化组织（ISO）给出了“数据”的定义：“数据是对事实、概念或指令的一种特殊表达形式，这种特殊的表达形式可以用人工的方式或用自动化的装置进行通信、翻译转换或者进行加工处理。”

对于“数据”这个概念，我们可以这样理解：首先，数据是“事实、概念、指令”等具体内容的某种表述，数据不仅包括数字、字母、文字、符号，而且包括声音、图形、图像、动画、影像等；其次，这些数据可以通过人工或自动化的方法进行通信、翻译、处理。

在计算机中，各种形式的数据以一种“特殊的表达形式”——二进制编码形式来表示。人们用各种存储设备来存储数据，通过各种软件来管理数据，使用各种应用程序来对数据进行加工处理。

在信息技术领域，数据通常分为数值数据和非数值数据两大类。数值型数据是指人们日常生活中具有大小和多少的数据，对于数值数据可以进行加、减、乘、除以及比较等数学运算。非数值型数据是指除数值数据外的其他数据，它通常包括字符数据、逻辑数据以及多媒体数据。字符数据是指由字母、符号等组成的数据，可用来方便地表示文字信息，供人们阅读和理解。对于字符数据，其处理方式主要包括比较、转换、检索、排序等。逻辑数据可用来表达事物内部的逻辑关系，对逻辑数据可以进行“与”“或”“非”以及“比较”等运算操作。声音、图形、图像、动画、视频影像数据通常都可归入多媒体数据的范畴。

### 3.1.2　信息

“信息”是目前广泛使用的一个高频词。关于“信息”的定义，自信息论诞生以来就没有明确过，几十年来“信息”的定义已有上百个之多。即使这样也没能有一个统一、科学、合理、公认的全方位定义。

《辞海》(1999 年版) 对“信息”的解释为：“通信系统中传输和处理的对象，泛指消息和信号的具体内容及意义”。这个解释说明了在“信息处理”一词中的信息的内涵。

《简明不列颠百科全书》(1991 年版) 中称：“信息论中的‘信息’与信号中固有的意义无关”，从信息系统的角度来说，信息是信宿 (即接收信息的客体) 对信源 (即发出信息的主体) 的感知。

也有学者认为，信息就是“一切可以被传递、被感知的新闻、知识、消息、情报、报道、事情、数据、材料、现象、事物、主题、内容的统称”。

“信息就是信息，不是物质，也不是能量”则从信息是客观世界的一种本质属性的角度，说明了信息同物质、能源一样重要，是人类生存和社会发展的三大基本资源之一。

总之，由于所属领域不同、研究角度不同，对信息也存在多种不同的解释。一般来说，信息既是对各种客观存在的事物的变化和特征的反映，又是各个事物之间作用和联系的表征。人类就是通过接收信息来认识事物的，信息是对人们有用的消息，是接受者原来不了解的知识。

### 3.1.3　数据与信息的关系

数据与信息是两个相互联系但又完全不同的概念。信息是客观存在的，是真实的、有意义的，必须对接受者有用。而数据则只是一种表述，也可能是无用的、无意义的，甚至可以编造出虚假的数据。

在信息技术领域中，数据通常作为信息的载体，用来表示信息。所谓“数据处理”是指将数据经过处理转换从中提取有用数据 (信息) 的过程，所以有时也称为“信息处理”。对计算机系统而言，实际上只存在数据，而信息只是对使用系统的人而存在。

在许多场合，如果不引起混淆，信息和数据往往不加严格区分。例如，通常所谓的“管理信息系统”“地理信息系统”，实质上属于数据密集型的计算机应用系统，其目的是通过数据的转换处理得到与使用相关的信息。

目前广泛流行的各种信息的相关名词，如信息技术、信息产业、信息社会等，根据不同的用法和场合，其中的“信息”含义是不同的。信息技术是如何使各种客体的变化特征，被人类所广泛感知，并成为人类的知识构成的一些技术手段，这里的“信息”主要是指客观信息。信息产业则是使信息技术成为有利可图的商业行为和一定规模的社会结构。信息社会使人类获取、利用信息的能力达到空前水平，并成为人类日常生活中的重要活动之一，这里的“信息”主要是指主观信息。

研究数据的概念和内涵，有助于理解计算机数据处理的方法和特点；有助于掌握计算机的基本概念和基本操作。讨论信息的本质特征及科学界定信息的定义，有助于理解信息与物质、能量并列构成系统的三要素这个新概念；有助于确立信息在认识论中的地位。

# 3.2 数制及其相互转换

计算机处理各种数据，首先要将它们表示成具体的数据形式。选择什么样的数制来表示数据，对机器的结构、性能、效率有很大的影响。

二进制是计算机中数制的基础。为什么要采用二进制形式呢？首先是可行性，采用二进制，只有 0 和 1 两种状态，需要表示 0、1 两种状态的电子器件有很多，如开关的接通和断开、晶体管的导通和截止、磁元件的正负剩磁、电位电平的低与高等都可用 0、1 两个数码来表示。也就是说，计算机的硬件结构决定了二进制是其数制的基础，使用二进制，电子器件具有实现的可行性。然后是简易性，二进制数的运算法则少，运算简单，使计算机运算器的硬件结构大大简化了（十进制的乘法运算法则共有 55 条规则，而二进制的乘法运算法则只有 4 条规则）。最后是逻辑性，由于二进制 0 和 1 正好和逻辑代数的假（False）和真（True）相对应，有逻辑代数的理论基础，用二进制表示二值逻辑很自然。

## 3.2.1 数制

数制是用一组固定的数字和一套统一的规则来表示数的方法。

目前我们通常采用进位计数制，如十进制计数，逢十进一；每周有七天，逢七进一；而计算机中存放的是二进制数，逢二进一。为了书写和表示方便，还引入了八进制计数和十六进制计数。常用的计数制见表 3-1。

表 3-1 常用的计数制

| 进位计数制 | 二进制 | 八进制 | 十进制 | 十六进制 |
|---|---|---|---|---|
| 进位规则 | 逢二进一 | 逢八进一 | 逢十进一 | 逢十六进一 |
| 数码 | 0，1 | 0，1，2，3，4，5，6，7 | 0，1，2，3，4，5，6，7，8，9，10 | 0，…，9，A，…，F |

续表

| 进位计数制 | 二进制 | 八 | 十 | 十六 |
| --- | --- | --- | --- | --- |
| 基数 | $r$=2 | $r$=8 | $r$=10 | $r$=16 |
| 位权 | $2^i$ | $8^i$ | $10^i$ | $16^i$ |
| 形式表示字母 | B | O 或 Q | D | H |

无论哪种进位计数制都有两个共同点：按基数来进位或借位，按位权值来计算。

（1）逢 $r$ 进一

在采用进位计数的数字系统中，如果用 $r$ 个基本符号（如 0，1，2，3，4，…，$r$-1）表示数值，则称其为基 $r$ 数制，$r$ 称为该数制的基数（Radix），故：

$r$=10 为十进制，可使用的基本符号是 0，1，2，3，4，5，…，8，9；

$r$=2 为二进制，可使用的基本符号是 0，1；

$r$=8 为八进制，可使用的基本符号是 0，1，2，…，6，7；

$r$=16 为十六进制，可使用的基本符号是 0，1，2，…，8，9，A，B，C，D，E，F。

所谓按基数进位或借位，就是在运算加法或减法时，要遵守"逢 $r$ 进一，借一当 $r$"的规则。例如，十进制的运算规则为"逢十进一，借一当十"，二进制的运算规则为"逢二进一，借一当二"。

（2）位权表示法

在任何一种数制中，一个数的每个位置上各有一个"位权值"，用 $r^i$ 表示，$i$ 即数字在数中的位置。例如，$752.65_{10}$，小数点前从右往左有 3 个位置，分别为个、十、百，位权分别为 $10^0$、$10^1$、$10^2$，同样，小数点后从左到右有 2 个位置，其位权分别为 $10^{-1}$、$10^{-2}$。所谓"用位权值计算"的原则，即每个位置上的数符所表示的数值等于该数符乘以该位置上的位权值。如 $752.65_{10}$ 可以表示如下：

$$752.65=7\times10^2+5\times10^1+2\times10^0+6\times10^{-1}+5\times10^{-2}=7\times100+5\times10+2\times1+6\times0.1+5\times0.01$$

一般而言，对任意 $r$ 进制数，可以用以下展开式表示：

$$a_n\cdots a_1a_0.a_{-1}\cdots a_{-m}= a_n\times r^n+\cdots+a_1\times r^1+a_0\times r^0+a_{-1}\times r^{-1}+\cdots+a_{-m}\times r^{-m}$$

其中，$r$ 为基数，整数为 $n$+1 位，小数为 $m$ 位。

（3）书写形式

对于二进制数、八进制数和十六进制数，在书写时为了防止与十进制数相混淆，常采用以下表示方法。

二进制数：101011.01B 或 $(101011.01)_2$。

八进制数：543.21O 或 $(543.21)_8$。

十六进制数：9AB.2CH 或 $(9AB.2C)_{16}$。

十进制数：666.35D 或 666.35。

### 3.2.2 不同数制间的转换

计算机中不同数制之间的转换是指十进制数、二进制数、八进制数和十六进制数之间的相互转换。

（1）将 $r$ 进制数转换为十进制数

对于任何一个二进制数、八进制数或十六进制数，均可按"按位加权求和"的方法转换为十进制数。例如：

$(101011.01)_2 = 1\times2^5+0\times2^4+1\times2^3+0\times2^2+1\times2^1+1\times2^0+0\times2^{-1}+1\times2^{-2}=43.25$

$(543.21)_8 = 5\times8^2+4\times8^1+3\times8^0+2\times8^{-1}+1\times8^{-2}=355.140625$

$(9AB.2C)_{16} = 9\times16^2+10\times16^1+11\times16^0+2\times16^{-1}+12\times16^{-2}=2475.171875$

（2）将十进制数转换为 $r$ 进制数

将十进制数转换成 $r$ 进制数时，首先要将此十进制数分为整数与小数两部分，然后对这两部分进行不同的操作。

对该数的整数部分连续整除 $r$ 取余，直到整除所得的商为零，把所得的各个余数按照相反顺序排列起来，就是 $r$ 进制数的整数部分。简而言之即“除 $r$ 取余倒序写”。

对该数的小数部分连续乘以 $r$ 取整，直到乘后积的小数部分为零或达到所需要的精度，将取出的各个整数按照原来顺序排列起来，就是 $r$ 进制数的小数部分。简而言之即“乘 $r$ 取整正序写”。

例如，将十进制数 29.625 转换为二进制数。

首先将该数分为 29 和 0.625 两部分，然后分别进行图 3-1 所示的操作。

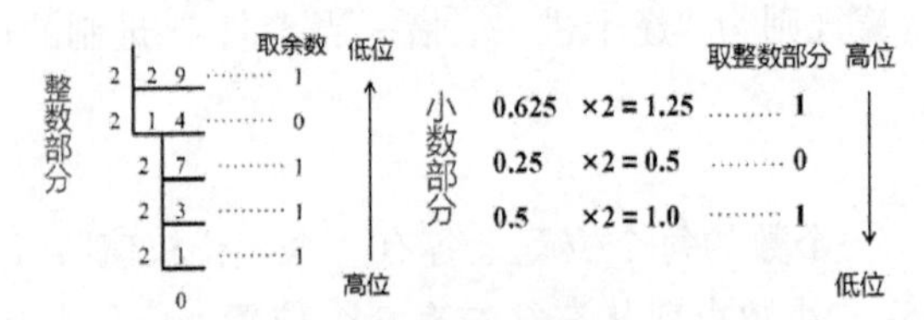


图 3-1　将十进制数转换为二进制数

所以，$(29.625)_{10}=(11101.101)_2$。

又如，将十进制数 29.625 转换为十六进制数。

首先将该数分为 29 和 0.625 两部分，然后分别进行图 3-2 所示的操作。

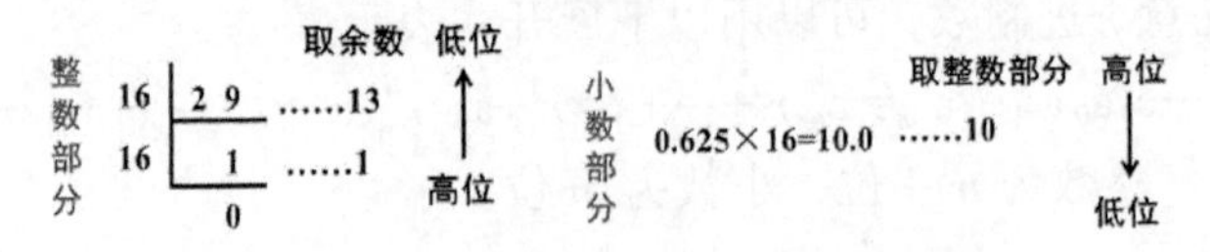


图 3-2　将十进制数转换为十六进制数

所以，$(29.625)_{10}=(1D.A)_{16}$，其中，13 由字母 D 表示，10 由字母 A 表示。

（3）二进制数、八进制数和十六进制数之间的相互转换

在计算机内部，所有的信息都是用二进制表示的。但二进制信息占据的位数较多，书写起来比较长，并且容易出错，所以我们通常借助于八进制或十六进制来表示二进制信息。由于 $2^3=8^1$、$2^4=16^1$，所以，1 位八进制数相当于 3 位二进制数，1 位十六进制数相当于 4 位二进制数。另外，在进行十进制数和二进制数的相互转换时，也可将八进制或十六进制作为中间过渡，从而简化转换的运算操作。

八进制数、十六进制数与二进制数之间的对应关系如表 3-2 所示。

表 3-2　八进制数、十六进制数与二进制数的对应关系

| 二进制数 | 八进制数 | 十六进制数 |
|---|---|---|
| 0 | 0 | 0 |

续表

| 二进制数 | 八进制数 | 十六进制数 |
| --- | --- | --- |
| 1 | 1 | 1 |
| 10 | 2 | 2 |
| 11 | 3 | 3 |
| 100 | 4 | 4 |
| 101 | 5 | 5 |
| 110 | 6 | 6 |
| 111 | 7 | 7 |
| 1000 | 10 | 8 |
| 1001 | 11 | 9 |
| 1010 | 12 | A |
| 1011 | 13 | B |
| 1100 | 14 | C |
| 1101 | 15 | D |
| 1110 | 16 | E |
| 1111 | 17 | F |

① 在将二进制数转换为八进制数时，使用“取三合一法”：对二进制数以小数点为中心向左右两边分组，每组为 3 位二进制，两头不足 3 位的用 0 补充，然后每组 3 位二进制用 1 位八进制代替。

② 在将二进制数转换为十六进制数时，使用“取四合一法”：对二进制数以小数点为中心向左右两边分组，每组为 4 位二进制，两头不足 4 位的用 0 补充，然后每组 4 位二进制用 1 位十六进制代替。

例如：

011 101 010 . 110 111 B = 352.67 Q

3　5　2　6　7

0100 1100 0110 . 1110 0001 B = 4C6.E1 H

4　C　6　E　1

③ 在将八进制转换为二进制数时，使用“取一分三法”：只要将每个八进制数替换为 3 位二进制数即可。

④ 在将十六进制转换为二进制数时，使用“取一分四法”：只要将每个十六进制数替换为 4 位二进制数即可。

例如：

352.67 Q = 011 101 010 . 110 111 B = 11101010.110111B

3　5　2　6　7

4C6.E1 H = 0100 1100 0110 . 1110 0001 B = 10011000110.11100001B

4　C　6　E　1

123.45 = 7B.7 H = 0111 1011 . 0111 B = 1111011.0111B

转换后整数前的高位 0 和小数后的低位 0 应去除。

（4）拓展知识

0 和 1 的故事：猜数字（1～63）

准备 6 张数字卡片，如图 3-3 所示。你让参与游戏的人想一个数字（1～63），然后说出想的数字在哪几张卡片上出现过，你就能猜出他/她心中所想的这个数字。例如，他/她告诉你，心中所想的数在第 3 张卡片、第 4 张卡片和第 5 张卡片中出现过，那么你就可以猜出这个数是 14（001110）。

| 32 | 33 | 34 | 35 |
|---|---|---|---|
| 36 | 37 | 38 | 39 |
| 40 | 41 | 42 | 43 |
| 44 | 45 | 46 | 47 |
| 48 | 49 | 50 | 51 |
| 52 | 53 | 54 | 55 |
| 56 | 57 | 58 | 59 |
| 60 | 61 | 62 | 63 |

| 16 | 17 | 18 | 19 |
|---|---|---|---|
| 20 | 21 | 22 | 23 |
| 24 | 25 | 26 | 27 |
| 28 | 29 | 30 | 31 |
| 48 | 49 | 50 | 51 |
| 52 | 53 | 54 | 55 |
| 56 | 57 | 58 | 59 |
| 60 | 61 | 62 | 63 |

| 8 | 9 | 10 | 11 |
|---|---|---|---|
| 12 | 13 | 14 | 15 |
| 24 | 25 | 26 | 27 |
| 28 | 29 | 30 | 31 |
| 40 | 41 | 42 | 43 |
| 44 | 45 | 46 | 47 |
| 56 | 57 | 58 | 59 |
| 60 | 61 | 62 | 63 |

| 4 | 5 | 6 | 7 |
|---|---|---|---|
| 12 | 13 | 14 | 15 |
| 20 | 21 | 22 | 23 |
| 28 | 29 | 30 | 31 |
| 36 | 37 | 38 | 39 |
| 44 | 45 | 46 | 47 |
| 52 | 53 | 54 | 55 |
| 60 | 61 | 62 | 63 |

| 2 | 3 | 6 | 7 |
|---|---|---|---|
| 10 | 11 | 14 | 15 |
| 18 | 19 | 22 | 23 |
| 26 | 27 | 30 | 31 |
| 34 | 35 | 38 | 39 |
| 42 | 43 | 46 | 47 |
| 50 | 51 | 54 | 55 |
| 58 | 59 | 62 | 63 |

| 1 | 3 | 5 | 7 |
|---|---|---|---|
| 9 | 11 | 13 | 15 |
| 17 | 19 | 21 | 23 |
| 25 | 27 | 29 | 31 |
| 33 | 35 | 37 | 39 |
| 41 | 43 | 45 | 47 |
| 49 | 51 | 53 | 55 |
| 57 | 59 | 61 | 63 |

图 3-3　6 张数字卡片

思考：学习了二进制和十进制的相互转换，你能说出这个游戏的原理吗？为什么是 6 张卡片？最大的数为什么是 63？这有什么规律？

解惑：为什么是 6 张卡片呢？因为我们要猜的数字范围是 1～63，$2^0$<1～63<64（$2^6$），然后将 1～63 的所有十进制数转换成二进制数，用 6 位表示，例如，14 转换成二进制数就是 001110，那么就在第 3 张、第 4 张、第 5 张卡片中要有这个数，例如，63 转换成二进制数是 111111，那么就在每一张卡片中都要有这个数，以此设计好 6 张卡片中的数字。

卡片制好了，接下来就可以开始猜数字游戏了（卡片的顺序不能打乱）。数字出现在某张卡片中，我们就用“1”来表示，没有出现，就用“0”来表示。如果对方心里所想的数字是 14，他/她会告诉你这个数字出现在第 3 张卡片、第 4 张卡片和第 5 张卡片中，这意味着 14 对应的二进制数 001110，将之转换成十进制即 14。

举一反三：如果你掌握了猜数字游戏的原理，下面有 31 个姓氏，请设计一个简单的猜姓氏游戏。

1-王、2-李、3-张、4-刘、5-陈、6-杨、7-黄、8-赵、9-周、10-吴、11-徐、12-孙、13-胡、14-朱、15-高、16-林、17-何、18-郭、19-马、20-罗、21-梁、22-宋、23-郑、24-谢、25-韩、26-唐、27-冯、28-于、29-董、30-萧、31-程

## 3.2.3　二进制数的算术逻辑运算

### 1. 二进制数的算术运算

二进制数的算术运算也包括加、减、乘、除，但二进制算术运算的规则更简单。通常，

在计算机内部，二进制加法是基本运算，减法是通过加上一个负数（补码运算）来实现的，而乘法和除法则是通过移位操作和加减运算来实现。通过采取这样的措施，计算机运算器的结构可以更简单、运行可以更稳定。下面介绍加法和减法的基本规则。

（1）加法

二进制加法的基本规则为：

$$\begin{array}{r}0\\+\ 0\\\hline 0\end{array}\quad\begin{array}{r}0\\+\ 1\\\hline 1\end{array}\quad\begin{array}{r}1\\+\ 0\\\hline 1\end{array}\qquad\begin{array}{r}1\\+\ 1\\\hline 10\text{（进位）}\end{array}$$

例如，二进制数 10110B+10011B 的计算式子为：

$$\begin{array}{r}10110\\+\ 10011\\\hline 101001\end{array}$$

在二进制加法的执行过程中，每一个二进制位上有 3 个数相加，即本位的被加数、本位的加数、来自低位的进位（有进位为 1，否则为 0）。

在计算机内部的运算器中，二进制数的加法是通过专门的逻辑电路——加法器来实现的，在运算器中还有保存运算结果和结果特征的装置。

（2）减法

二进制减法的基本规则为：

$$\begin{array}{r}0\\-\ 0\\\hline 0\end{array}\qquad\begin{array}{r}0\\-\ 1\\\hline 1\text{（借位）}\end{array}\quad\begin{array}{r}1\\-\ 0\\\hline 1\end{array}\qquad\begin{array}{r}1\\-\ 1\\\hline 0\end{array}$$

例如，二进制数 10110B-10011B 的计算式子为：

$$\begin{array}{r}10110\\-\ 10011\\\hline 11\end{array}$$

同样，在二进制减法的执行过程中，每一个二进制位上有 3 个数参加操作，即本位的被减数、本位的减数、本位向高位的借位（有借位为 1，否则为 0）。

**2. 二进制数的逻辑运算**

1847 年英国数学家乔治・布尔（George Boole）创立了逻辑代数，提出了用符号来表达语言和思维逻辑的思想，到了 20 世纪，布尔的这种思想发展成为现代的逻辑代数（也称为布尔代数）。逻辑代数与普通代数一样有变量和变量的取值范围，也有演算公式和运算规则，同样也可定义函数及其基本性质。普通代数研究的是事物发展变化的数量关系，而逻辑代数研究的是事物发展变化的逻辑（因果）关系。

计算机不仅可以存储数值数据并进行算术运算，而且可以存储逻辑数据并进行逻辑运算。在计算机中具有实现逻辑功能的电子电路，并利用逻辑代数规则进行各种逻辑判断，从而使计算机能够模拟人类智能的功能。

下面简单介绍一下逻辑数据的表示方法和逻辑代数的基本运算规则，为以后程序设计的学习打下基础。

（1）逻辑数据的表示

逻辑数据可用来表示真与假、是与非、对与错，这种具有逻辑性质的变量称为逻辑变量，逻辑变量之间的运算称为逻辑运算。在逻辑代数和计算机中，用“1”或“T”（True）来表示真、是、对等，用“0”或“F”（False）来表示假、非、错等。所以，逻辑运算是以二进制为基础的。

（2）逻辑运算

逻辑运算可用来反映事件的原因与事件的结果之间的逻辑关系。逻辑运算的结果为逻辑值。逻辑运算包括 3 种基本运算：逻辑与、逻辑或、逻辑非，由这 3 种基本运算可以组合、构造、推导出其他的逻辑运算。

在逻辑运算中，常将参加逻辑运算的逻辑变量、各种可能的取值组合以及对应的运算结果值列成表格，并称之为“真值表”，真值表是描述各种逻辑运算的常用工具。

（3）逻辑与运算

逻辑与（And）也称为逻辑乘。逻辑与表示两个简单事件 A 与 B 构成逻辑相乘的复杂事件，并当 A 与 B 事件同时满足条件时整个复杂事件的结果才为真，否则结果就为假。

逻辑与的基本运算规则为：

$0 \times 1=0$　　$1 \times 0=0$　　$0 \times 0=0$　　$1 \times 1=1$

逻辑与运算的真值表如表 3-3 所示。

表 3-3　“与”运算的真值表

| A | B | F=A × B |
|---|---|---|
| 0 | 0 | 0 |
| 0 | 1 | 0 |
| 1 | 0 | 0 |
| 1 | 1 | 1 |

我们通常将逻辑与的运算规则归纳为：“有 0 为 0，全 1 为 1”。

（4）逻辑或运算

逻辑或（Or）也称为逻辑加。逻辑或表示两个简单事件 A 与 B 构成逻辑相加的复杂事件，并当 A 与 B 事件中有一个满足条件时整个复杂事件的结果就为真，否则结果就为假。

逻辑或的基本运算规则为：

$0+1=1$　　$1+0=1$　　$0+0=0$　　$1+1=1$

逻辑或运算的真值表如表 3-4 所示。

表 3-4　“或”运算的真值表

| A | B | F=A + B |
|---|---|---|
| 0 | 0 | 0 |
| 0 | 1 | 1 |
| 1 | 0 | 1 |
| 1 | 1 | 1 |

我们通常将逻辑或的运算规则归纳为：“全 0 为 0，有 1 为 1”。

（5）逻辑非运算

逻辑非（Not）也称为逻辑反。逻辑非表示与简单事件 A 含义相反，即如果 A 为真时使其为假、若 A 为假时使其为真。

逻辑非的基本运算规则为：

!0=1　　!1=0

逻辑非运算的真值表如表 3-5 所示。

表 3-5　“非”运算的真值表

| A | F=!A |
|---|---|
| 0 | 1 |
| 1 | 0 |

我们通常将逻辑与的运算规则归纳为：“非 0 为 1，非 1 为 0”。

### 3.2.4　二进制数据的计量单位

#### 1. 二进制数据的数据量的计量

在计算机内部，各种数据都是以二进制编码的形式表示和存储的。二进制数据的数据量常采用位、字节、字等几种量纲。

位（bit，缩写为 b，俗称小 b）：也称为比特，指二进制数据的每一位（“0”或“1”），它是二进制数据量的最小计量单位。

字节（Byte，缩写为 B）：是二进制数据量的基本计量单位，数据在计算机中也是以字节为单位存储的。一个字节由 8 个字位组成，它们从左到右排列为 b7、b6、b5、b4、b3、b2、b1、b0。其中 b7 是最高位，b0 是最低位。

字（Word）：也称为计算机字，它是可作为独立的数据单位进行处理的若干字位的组合。字所包含的字位的个数称为字长，字长一般是字节长度的整数倍，如 16、32 等。

#### 2. 二进制数据的数据传输速率的计量

在计算机内部或计算机与计算机之间进行数据传输时，如果是采用一个字节的 8 个二进制位同时传输的并行方式，则传输速率的计量单位为：字节/秒（bit/s）、千字节/秒（kbit/s）、兆字节/秒（Mbit/s）等。

在计算机网络中，传输二进制数据通常采用逐个字位的串行传输方式，传输速率的计量单位为：比特/秒（bit/s），也称比特率、波特率、波特；千比特/秒（kbit/s），1kbit/s=$2^{10}$bit/s=1024bit/s；兆比特/秒（Mbit/s），1Mbit/s=$2^{20}$bit/s=1024kbit/s。

## 3.3　数值数据在计算机中的表示

数据是指所有能输入计算机中并被计算机识别、存储和加工处理的符号的总称。计算机中的数据分为数值型数据和非数值型数据两大类。数值型数据指数学中的代数值，具有量的含义，可以进行加、减等算术运算，如 234.12、−33.21、3/4、6688.22 等；非数值数据是不能进行算术运算的数据，没有量的含义，如字母、符号（+、%、$、>、？）、数字、汉字、图形图像、声音、视频等多媒体数据。任何数据都必须先转换为二进制形式存储，然后才能被计算机处理。同样，计算机内的数据也要先进行逆向转换，然后才能输出。

### 3.3.1 数值数据的表示

计算机中表示一个数值数据，需要考虑以下两个问题。

**1. 确定数的符号**

将数值数据的绝对值转换为二进制形式后，解决了数值数据的存放形式。由于数据有正数和负数之分，故还要考虑符号的表示，为了表示数值的符号“+”和“-”，一般用数的最高位（左边第一位）作为符号位，并约定 0 表示+，1 表示-，这样就可以将数值和符号一起进行存储和计算了。这种符号被数值化的数叫作机器数，而把原来用正负号表示的二进制数叫作真值，例如，真值为+0.1001，机器数也是 0.1001；真值为-0.1001，机器数为 1.1001。

**2. 小数点的表示方法**

当数据含有小数部分时，我们还要考虑小数点的表示方法。在计算机中采用隐含规定小数点位置的办法确定小数的表示，包含定点小数和浮点小数两种表示法。

### 3.3.2 带符号数的表示

为了叙述简便，本部分均以整数为例进行说明，且约定用 8 位二进制表示。

如果直接利用机器数进行计算，由于符号问题，结果将会出错。

例如，-5+8=3，而-5 的机器数为 10000101，8 的机器数为 00001000，运算结果为-13，显然是错误的。

为了使符号位可以与数值一样参与计算又保证结果正确，计算机中存储机器数常用原码、反码和补码三种方式。

**1. 原码**

用最高位表示数值的符号，右边各位表示数值的绝对值的方法叫原码表示法。例如：

$(+1100110)_2$的原码为 01100110

$(-1100110)_2$的原码为 11100110

$(+0000000)_2$的原码为 00000000

$(-0000000)_2$的原码为 10000000

出现了正 0 和负 0 的形式不同的情况。另外，用原码表示数值数据简单、直观，与真值转换也方便，但不能用原码对两个同号数相减或异号数相加，否则会出现错误的结果。

例如，25-36，可以看作是 25 减去 36，两个同号数相减，也可以看作是 25 加上-36，两个异号数相加。

由于$(25)_{10}=(00011001)_2=[00011001]_{原码}$，$(-36)_{10}=(10100100)_2=[10100100]_{原码}$。

则 $25+(-36)=[00011001]_{原码}+[10100100]_{原码}=[10111101]_{原码}$，结果为-61，是错误的。

因此，为运算方便，在计算机中通常将减法运算转换为加法运算（两个异号数相加实际是两个同号数相减），由此引入了反码和补码的概念。

**2. 反码**

对于正数，反码与其原码相同，对于负数，反码是除符号位外其他各位变反。

$(+1100110)_2$的反码为 01100110

$(-1100110)_2$的反码为 10011001

$(+0000000)_2$的反码为 00000000

$(-0000000)_2$的反码为 11111111

由于出现了正 0 和负 0 的形式不同的情况。同样不能用反码对两个同号数相减或异号数相加，否则会出现错误的结果。

例如，$(-25)_{10}=(10011001)_2=[11100110]_{反码}$，$(36)_{10}=(00100100)_2=[00100100]_{反码}$。

则$-25+36=[11100110]_{反码}+[00100100]_{反码}=[00001010]_{反码}$，将反码再取反码，得到结果的原码$[00001010]_{原码}$，转换为真值 10，结果是错误的。

**3. 补码**

对于正数，补码与其原码相同，对于负数，补码是其反码加 1。

$(+1100110)_2$的补码为 01100110

$(-1100110)_2$的补码为 10011010

$(+0000000)_2$的反码为 00000000

$(-0000000)_2$的反码为 00000000

可以看到，+0 和-0 的补码表示没有区别，即 0 的形式只有一种。可以验证，任何一个数的补码的补码就是其原码。

引入补码的概念后，两数的补码之“和”等于两数“和”的补码，因此，在计算机中的加减法运算可以利用其补码直接做加法，最后再把结果求补码得到真值。例如：

$(25)_{10}=(00011001)_2\rightarrow[00011001]_{补码}$

$(-36)_{10}=(10100100)_2\rightarrow[11011100]_{补码}$

$[00011001]_{补码}+[11011100]_{补码}=[11110101]_{补码}$，将补码再取补码，得到结果的原码并转换为真值-11。

又如：

$(36)_{10}=(00100100)_2\rightarrow[00100100]_{补码}$

$(25)_{10}=(00011001)_2\rightarrow[00011001]_{补码}$

$[00100100]_{补码}+[00011001]_{补码}=[00111101]_{补码}$，将补码再取补码，得到结果的原码并转换为真值 61。

在计算机中用补码表示数值数以后，数的加减运算都可以统一化成补码的加法运算，不用单独处理符号，这是十分方便的。反码通常作为求补码的中间形式。但是应该注意，无论用哪种方式表示数值，当数的绝对值超过表示数的二进制位允许表示的最大值时，就会发生溢出，从而造成运算错误。

### 3.3.3 定点数与浮点数

当数据含有小数时，计算机还要解决小数点的表示问题，计算机中表示小数点不采用二进制位，而是隐含规定小数点的位置。根据小数点的位置是否固定，数的表示又分为定点数和浮点数。

**1. 定点整数**

定点整数是将小数点位置固定在数值的最右端，符号位右边的所有位表示整数的数值。

2. 定点小数

定点小数是将小数点固定在数值的最左边，符号位右边的所有位表示小数的数值。

定点数可以表示纯小数和整数，定点整数和定点小数在计算机中的表示形式没有什么区别，小数点的位置完全靠事先隐含约定在不同的位置。

由于计算机中的初始数值、中间结果和最后结果可能会在很大范围内变动，如果计算机用定点整数或定点小数表示数值，则运算数据不是容易溢出（超出计算机能表示的数值范围）就是容易丢失精度。程序员为了避免出现上述现象，需要在运算的各个阶段预先设置比例因子，将数放大或缩小，非常麻烦。采用浮点小数表示数值就可以解决这类问题。

3. 浮点数

浮点数是指小数点位置不固定的数，它既有小数部分又有整数部分。

按照 IEEE 的标准，浮点数表示法类似于科学计数法，其一般形式为 $N=2^{E}\times M$，其中 E 称为阶码，M 称为尾数。存储浮点数时，包括三部分：第一部分为符号位，0 代表正，1 代表负，表示数据的正负。第二部分为指数位，又称阶码，存储科学计数法中的指数部分，并且采用移位存储，当阶码部分为 8 位时，指数位为 E+127。第三部分为尾数部分，存储科学计数法中的尾数。由于规定尾数部分最高位必须是 1，这个 1 就不必存储了，可以节省出一位用于提高精度，即最高位的 1 是隐含的。

为了保证不损失有效数字，通常还要对尾数进行规格化处理，即保证尾数的最高位为 1，实际数值通过阶码进行调整。

例如，−1234.5678 可以表示为：$-1.2345678\times10^{+3}$、$-12.345678\times10^{+2}$、$-123.45678\times10^{+1}$、$-12345.678\times10^{-1}$、$-1234567.8\times10^{-3}$ 等多种形式，如果规格化要求是 $0.1\leqslant|尾数|<1$，则机器取 $-0.12345678\times10^{+4}$ 形式存放。

浮点数的格式多种多样，不同机器系统可以有不同的浮点数格式。

又如，十进制数 16.25，用 32 位浮点数表示法可以表示为：$(16.25)_{10}=(10000.01)_2=(1.000001)_2\times2^4$，16.25 为正数，符号位为 0，指数位为 4+127 等于 131，转换成二进制数为 10000011。尾数部分为 000001，不足 23 位的在右侧补 0，故十进制数 16.25 的存储方式为 01000001100000100000000000000000。

## 3.3.4 数值编码

数值数据除了可以用上述纯二进制形式的机器数（如定点数、浮点数）表示外，为了便于操作，还可以采用编码的形式表示。8421 BCD 编码就是一种常用的数值编码，具体方法是：将一位十进制数字用 4 位二进制数编码来表示，以 4 位二进制数为一个整体来描述十进制的 10 个不同符号 0～9，仍然采用“逢十进一”的原则。在这样的二进制编码中，每 4 位二进制数为一组，组内每个位置上的位权从左至右分别为 8、4、2、1。因此被称为 8421 BCD 编码。

# 3.4 非数值数据在计算机中的表示

非数值数据是计算机中使用最多的数据，是人与计算机进行通信、交流的重要形式。计算机中的非数值数据主要包括西文字符（字母、数字、各种符号）、汉字字符、声音数据和图形数据。和数值数据一样，非数值数据也要转换为二进制形式才能被计算机存储和处理，采用的方法是编码。

### 3.4.1　西文字符的编码

目前广泛使用的西文字符的编码是美国国家标准协会（American National Standard Institute，ANSI）制定的美国标准信息交换码（American Standard Code for Information Interchange，ASCII），见表 3-6。

表 3-6　　美国标准信息交换码

| 编码 | 字符 | 编码 | 字符 | 编码 | 字符 | 编码 | 字符 | 编码 | 字符 | 编码 | 字符 | 编码 | 字符 | 编码 | 字符 |
|---|---|---|---|---|---|---|---|---|---|---|---|---|---|---|---|
| 0 | NUL | 16 | DLE | 32 | Space | 48 | 0 | 64 | @ | 80 | Q | 96 | ` | 112 | p |
| 1 | SOH | 17 | DC1 | 33 | ! | 49 | 1 | 65 | A | 81 | R | 97 | a | 113 | q |
| 2 | STX | 18 | DC2 | 34 | " | 50 | 2 | 66 | B | 82 | S | 98 | b | 114 | r |
| 3 | ETX | 19 | DC3 | 35 | # | 51 | 3 | 67 | C | 83 | T | 99 | c | 115 | s |
| 4 | EOT | 20 | DC4 | 36 | $ | 52 | 4 | 68 | D | 84 | U | 100 | d | 116 | t |
| 5 | ENQ | 21 | NAK | 37 | % | 53 | 5 | 69 | E | 85 | V | 101 | e | 117 | u |
| 6 | ACK | 22 | SYN | 38 | & | 54 | 6 | 70 | F | 86 | W | 102 | f | 118 | v |
| 7 | BEL | 23 | ETB | 39 | ' | 55 | 7 | 71 | G | 87 | S | 103 | g | 119 | w |
| 8 | BS | 24 | CAN | 40 | ( | 56 | 8 | 72 | H | 88 | X | 104 | h | 120 | x |
| 9 | HT | 25 | EM | 41 | ) | 57 | 9 | 73 | I | 89 | Y | 105 | i | 121 | y |
| 10 | LF | 26 | SUB | 42 | * | 58 | : | 74 | J | 90 | Z | 106 | j | 122 | z |
| 11 | VT | 27 | ESC | 43 | + | 59 | ; | 75 | K | 91 | [ | 107 | k | 123 | { |
| 12 | FF | 28 | FS | 44 | , | 60 | < | 76 | L | 92 | \ | 108 | l | 124 | \| |
| 13 | CR | 29 | GS | 45 | – | 61 | = | 77 | M | 93 | ] | 109 | m | 125 | } |
| 14 | SO | 30 | RS | 46 | . | 62 | > | 78 | N | 94 | ^ | 110 | n | 126 | ~ |
| 15 | SI | 31 | US | 47 | / | 63 | ? | 79 | O | 95 | _ | 111 | o | 127 | DEL |

ASCII 有两个版本：标准的 ASCII 与扩展的 ASCII。

标准的 ASCII 是一个用 7 位二进制数来编码，用 8 位二进制数来表示的编码方式，其最高位为 0，右边 7 个二进制位总共可以编出 $2^7$=128 个码。每个码表示一个字符，一共可以表示 128 个符号。

扩展的 ASCII 是一个用 8 位二进制数来表示的编码方式，8 个二进制位总共可以编出 $2^8$=256 个码。每个码表示一个字符，一共可以表示 256 个符号。除了 128 个标准的 ASCII 中的符号外，另外 128 个码表示一些花纹、图案符号。

表 3-6 中列出的第 0～32 号及第 127 号（共 34 个）是控制字符或通信专用字符，如控制符：LF（换行）、CR（回车）、FF（换页）、DEL（删除）、BEL（振铃）等；通信专用字符：SOH（文头）、EOT（文尾）、ACK（确认）等。

### 3.4.2 汉字字符的编码

西文是所有的字符均由 52 个英文大小写字母组合而成，加上数字及其他标点符号，常用的字符仅 95 种，故使用 7 位二进制数编码就足够了。汉字与西文不同，汉字是象形文字，字数极多（现代汉字中仅常用字就有六七千个，总字数高达 5 万个以上），且字形复杂，每个汉字都有“音、形、义”三要素，同音字、异体字也很多，这些都给汉字的计算机处理带来很大的困难。要在计算机中处理汉字，必须解决下面 3 个问题。

（1）如何把结构复杂的方块汉字输入到计算机中？（这是汉字处理的关键）

（2）汉字在计算机内如何表示和存储，如何与西文兼容？

（3）如何将汉字的处理结果在外部设备上输出？

为此，必须将汉字代码化，即对汉字进行编码。对应于汉字处理过程中的输入、内部存储处理、输出这 3 个环节，每个汉字的编码都包括输入码、交换码、内部码、字形码。在计算机的汉字信息处理系统中，处理汉字前必须经过如图 3-4 所示的代码转换。

输入码→交换码→内部码→字形码

图 3-4 代码转换

**1. 汉字输入码**

汉字输入码是指用户从键盘上键入汉字时所使用的汉字编码。目前已经有许多种各有特点的汉字输入码，但真正被广大用户接受的只有十几种。按照不同的编码设计思想和规则，可以把这些众多的输入码归纳为音码、形码、音形码和数字码等。

（1）音码

音码是一类按照汉字的读音（汉语拼音）进行编码的方法。常用的音码有标准拼音（全拼）、全拼双音、双拼双音等。拼音码的优点是使用方法简单，任何学习过拼音的人都能使用，易于推广；缺点是同音字多（或者说重码率高），需要通过选择才能输入所需汉字，对输入速度有影响，而且无法输入那些不知读音的汉字。音码特别适合那些对录入速度要求不是太高的非专业录入人员输入汉字。

（2）形码

形码是以汉字的字形结构为基础的输入编码。常用的形码有五笔字型、郑码、表形码等。目前被广大用户接受的字形码是五笔字型输入码。按字形方法输入汉字的优点是重码率低，速度快，只要能看见字形就能拆分输入；缺点是这种方法需要经过专门训练，记忆字根、练习拆字，前期学习花费的时间较多，有极少数汉字拆分困难。用户只要掌握了这种录入方法，就可以达到较高的录入速度，因此，受到了专业录入人员的普遍欢迎。

（3）音形码

音形码是一类将汉字的字形和字音相结合的编码，也叫混合码或结合码，自然码是音形码的代表。这种编码方法兼顾了音码和形码的优点，既降低了重码率，又不需要大量的前期学习、记忆，不仅使用简单方便，而且输入汉字的速度比较快，效率也比较高。

（4）数字码

数字编码是用等长的数字串为汉字逐一编码，以这个编号作为汉字的输入码。如电报码、区位码等都属于数字编码。这种汉字编码的编码规则简单，但难以记忆，仅适合于某些特定部门。

由此可以看到，由于汉字编码方法的不同，同一个汉字可以有许多种输入码（输入法）。

### 2．汉字交换码

为了便于各个计算机系统之间能够正确地交换汉字信息，必须规定一种专门用于汉字信息交换的统一编码，这种编码称为汉字的交换码。

1981 年，我国颁布的《国家标准信息交换用汉字编码字符集・基本集》（GB 2312—1980），制定了汉字交换码（GB 码）。GB 码是双字节编码，即用两个字节为一个汉字或汉字符号编码，每个字节的最高位为“0”，可以为 $2^7 \times 2^7 = 128 \times 128 = 16384$ 个字符编码。它总共包含 6763 个常用汉字（其中一级汉字 3755 个，二级汉字 3008 个），以及 682 个西文字符、图符，总计 7445 个字符。7445 个字符按 94 行×94 列的位置组成 GB 2312—1980 大码表，表中的每一行称为一个“区”，每一列称为一个“位”。一个汉字所在位置的区号和位号组合在一起就构成一个十进制的 4 位数（16 位二进制）代码，前两位数字为“区号”（01～94），后两位数字为“位号”（01～94），分别占一个字节，故 GB 码也称为“区位码”。

例如，汉字“啊”的区位码为“1601”，则表示该汉字在 16 区的 01 位，如果用十六进制数表示，则汉字“啊”的区码为“10H”，位码为“01H”，即该汉字的区位码为“1001H”。在一个汉字的区位码中，区码和位码均是独立的，在将其转换为十六进制数时，不能作为一个整体来转换，只能将区码和位码分别转换。

### 3．汉字机内码

汉字机内码又称机内码或内码，指计算机内部存储、处理加工和传输汉字时所用的由 0 和 1 组成的代码。

其实汉字交换码从理论上说可以作为汉字的机内编码，但为了避免与西文字符的编码相混淆（可能会把一个汉字编码看作两个西文字符的编码），故需要对交换码稍加修改才能作为汉字的机内编码。

首先，为了避免与基本的 ASCII 中的控制码（0～20H 为非图形字符码值）相冲突，将汉字交换码各加上 20H，得到汉字的国标码。

其次，由于汉字交换码两个字节值的范围都与西文字符的基本 ASCII 相冲突，为了兼顾处理西文字符，还要将汉字国标码的两个字节分别加上 80H（即最高位置为 1）构成。所以，机内码与区位码的关系如下：

机内码高位=国标码高位+80H=区码+A0H；

机内码低位=国标码低位+80H=位码+A0H。

所以，汉字“啊”的机内码为 B0A1H。即：

机内码高位=10H+A0H=B0H

机内码低位=01H+A0H=A1H

值得一提的是，无论采用哪种汉字输入码，存入计算机中的总是汉字的机内码，这与所采用的输入法无关，即输入码与机内码之间有一一对应的转换关系，故任何一种输入法都需要一个相应的完成这种转换的“输入码转换模块”程序。输入码被接受后，汉字机内码应该是唯一的，与采用的键盘输入法（汉字输入码）无关。这正是汉字输入法研究的关键问题。

### 4．汉字字形码

汉字字形码又称汉字字模，是表示汉字字形信息（结构、形状等）的编码，以实现计算机对汉字的输出（显示、打印等），字形码最常用的表示方式是点阵形式和矢量形式。

用点阵表示汉字字形时，字形码就是这个汉字字形的点阵代码。根据显示或打印质量的要求，汉字字形编码有 16×16、24×24、32×32、48×48 等不同密度的点阵编码。点数越多，显示或打印的字体就越美观，但编码占用的存储空间也越大。如图 3-5 所示，给出了一个 16×16 的汉字点阵字形和字形编码，该汉字字形编码要占用 16×2=32 个字节。如果是 32×32 的汉字字形编码，则要占用 32×4=128 个字节。

| | 0 | 1 | 2 | 3 | 4 | 5 | 6 | 7 | 8 | 9 | 10 | 11 | 12 | 13 | 14 | 15 | 十六进制码 | | | |
|---|---|---|---|---|---|---|---|---|---|---|---|---|---|---|---|---|---|---|---|---|
| 0 | | | | | | | ● | ● | | | | | | | | | 0 | 3 | 0 | 0 |
| 1 | | | | | | | ● | ● | | | | | | | | | 0 | 3 | 0 | 0 |
| 2 | | | | | | | ● | ● | | | | | | | | | 0 | 3 | 0 | 0 |
| 3 | | | | | | | ● | ● | | | | | | ● | | | 0 | 3 | 0 | 4 |
| 4 | ● | ● | ● | ● | ● | ● | ● | ● | ● | ● | ● | ● | ● | ● | ● | | F | F | F | E |
| 5 | | | | | | | ● | ● | | | | | | | | | 0 | 3 | 0 | 0 |
| 6 | | | | | | | ● | ● | | | | | | | | | 0 | 3 | 0 | 0 |
| 7 | | | | | | | ● | ● | | | | | | | | | 0 | 3 | 0 | 0 |
| 8 | | | | | | | ● | ● | | | | | | | | | 0 | 3 | 0 | 0 |
| 9 | | | | | | | ● | ● | ● | | | | | | | | 0 | 3 | 8 | 0 |
| 10 | | | | | | ● | ● | | | ● | | | | | | | 0 | 6 | 4 | 0 |
| 11 | | | | | ● | ● | | | | | ● | | | | | | 0 | C | 2 | 0 |
| 12 | | | | ● | ● | | | | | | ● | ● | | | | | 1 | 8 | 3 | 0 |
| 13 | | | | ● | | | | | | | | ● | ● | | | | 1 | 0 | 1 | 8 |
| 14 | | | ● | | | | | | | | | | ● | ● | | | 2 | 0 | 0 | C |
| 15 | ● | ● | | | | | | | | | | | | ● | ● | ● | C | 0 | 0 | 7 |

图 3-5　汉字字形点阵及代码

当一个汉字需要显示或打印时，需要将汉字的机内码转换成字形编码，它们也是一一对应的。汉字的字形点阵要占用大量的存储空间，通常将所有汉字字形编码集中存放在计算机的外存中，称为“字库”，不同字体（如宋体、黑体等）对应不同的字库。需要时才到字库中检索汉字并输出，为避免大量占用宝贵的内存空间，又要提高汉字的处理速度，通常将汉字字库分为一级和二级，一级字库在内存，二级字库在外存。

矢量表示汉字字形时，存储的是描述汉字字形的轮廓特征，需要输出汉字时，经过计算机计算，再将汉字字形描述信息生成所需大小和形状的汉字点阵。矢量化字形描述与最终文字显示的大小、分辨率无关，故可以产生高质量的输出汉字。

点阵和矢量方式的区别在于，点阵的编码和存储较为简单，无须转换就可直接输出，但字形放大后会变形；矢量的存储和编码较复杂，需要转换才能输出，但字形放大后效果相同。

### 3.4.3　其他汉字编码

除了 GB 2312—1980 编码外，目前常用的还有 UCS 码、Unicode 码、GBK 码等。随着多媒体技术与信息处理技术的发展，目前已经出现了汉字语音输入方式、汉字手写输入方式及汉字印刷体自动识别输入方式，输入识别的正确率都在逐步提高，其应用前景越来越好。但无论采用什么输入方式，最终存储在计算机中的还是汉字的机内码，输出汉字时仍然采用的是汉字字形码。

### 3.4.4　多媒体数据的表示

多媒体信息的处理一般会经历这样的过程：把声、文、图等媒体信号通过模数转换为数字信号；借助计算机对数字化后的信号进行存储、加工和处理；对数字化后的音频、视频数据进行压缩，以便于存储与传输；将压缩后的数据解压缩，经过数模转换对数字信息进行还原。本节将对几种媒体数据的处理过程简单进行介绍。

**1. 音频处理**

声音是通过空气的震动发出的，通常可用模拟波的方式表示它。振幅反映声音的音量，频率反映了音调。音频是连续变化的模拟信号，而计算机只能处理数字信号，要使计算机能处理音频信号，必须把模拟音频信号转换成用“0”“1”表示的数字信号，这就是音频的数字化，将模拟的（连续的）声音波形的模拟信号通过音频设备（如声卡）将其数字化（离散化），其中会涉及采样、量化及编码等多种技术。

常用的数字化声音文件类型有 WAV、MIDI、MP3、WMA、CD、RA、AU 和 VOC 等。

WAV 被称为“无损的音乐”，是微软公司开发的一种声音文件格式，用于保存 Windows 平台的音频信息资源，被 Windows 平台及其应用程序所支持。WAV 格式支持 MS ADPCM、CCITTA-Law 等多种压缩算法，支持多种音频位数、采样频率和声道。标准格式的 WAV 文件和 CD 格式一样，也是 44.1kHz 的采样频率，速率 88KB/s，16 位量化位数，可以看出，WAV 格式的声音文件质量和 CD 相差无几，是目前广为流行的声音文件格式，几乎所有的音频编辑软件都能够读取 WAV 格式。

MIDI 是 Musical Instrument Digital Interface 的简称，被称为“作曲家的最爱”，MIDI 允许数字合成器和其他设备交换数据。MID 文件格式由 MIDI 继承而来。MID 文件并不是一段录制好的声音，而是记录声音的信息，然后告诉声卡如何再现音乐的一组指令。这样一个 MIDI 文件每存 1min 的音乐只用 5～10KB。今天，MID 文件主要用于原始乐器作品、流行歌曲的业余表演、游戏音轨以及电子贺卡等。MID 文件重放的效果完全依赖于声卡的档次，它的最大用处是在计算机作曲领域。MID 文件可以用作曲软件写出。人们也可以通过声卡的 MIDI 接口把外接音序器演奏的乐曲输入计算机里，制成 MID 文件。

MP3 是当前使用最广泛的数字化声音格式。MP3 是指 MPEG 标准中的音频部分，也就是 MPEG 音频层。根据压缩质量和编码处理的不同分为 3 层，分别对应*.mp1、*.mp2 和*.mp3 这 3 种声音文件。MPEG 音频文件的压缩是一种有损压缩，MPEG3 音频编码则具有 10：1～12：1 的高压缩率，它基本保持低音频部分不失真，但是牺牲了声音文件中 12kHz～16kHz 高音频这部分的质量来换取文件尺寸的优势。相同长度的音乐文件，用 MP3 格式来储存，体积一般只有 WAV 文件的 1/10，而音质要次于 WAV 格式的声音文件。由于其文件体积小，音质好，所以 MP3 是当前主流的数字化声音保存格式。

WMA 是微软在互联网音频、视频领域推出的一种文件格式。WMA 格式是以减少数据流量但保持音质的方法来达到更高的压缩比，其压缩比一般可以达到 1:18。此外，WMA 还可以通过 DRM（数字版权管理）方案防止备份，或者限制播放时间和播放次数，甚至是对播放机器的限制，从而有力地防止盗版。目前几乎所有的 MP3 播放器都支持该格式。

CD 是大家熟悉的音乐格式，音乐、歌曲存储扩展名为 CDA。由于 CD 存储音频采取了音轨方式，不能直接复制出来，需通过相应软件进行格式转换。如 Windows Media Player 播放器就可将 CD 音轨转换成 WMA 格式的文件。

RA 是由 Real Networks 公司推出的一种文件格式。其最大的特点是可以实时传输音频信息，尤其是在网速较慢的情况下，仍然可以较为流畅地传送数据。因此 RA 主要适用于网络上的在线播放。现在的 RA 文件格式主要有 RA（RealAudio）、RM（RealMedia 或 RealAudio G2）、RMX（RealAudio Secured）3 种，会随着网络带宽的不同而改变声音的质量，在保证大多数人听到流畅声音的前提下，让带宽较宽的听众获得更好的音质。

AU 是 Internet 上多媒体声音主要使用的一种文件格式。AU 文件是 UNIX 操作系统下的数字声音文件，由于早期 Internet 上的 Web 服务器主要是基于 UNIX 的，所以这种文件成为了 WWW 上最早使用的标准声音文件。

VOC 格式文件常出现在 DOS 程序和游戏中，它是随声卡一起产生的数字声音文件，与 WAV 文件的结构相似，通过一些工具软件可以方便地让两种格式进行互相转换。

**2. 图像处理**

传统的绘画复制成照片、录像带或印制成印刷品，这样的转化结果称为模拟图像( Image )。它们不能直接用计算机进行处理，还需要进一步转化成用一系列的数据所表示的数字图像。这个进一步转化的过程也就是模拟图像的数字化，通常采用采样的方法来解决。

采样就是计算机按照一定的规律，将模拟图像的每点所呈现出的表象特性，用数据的方式记录下来的过程。这个过程有两个核心要点：一个是采样要决定在一定的面积内取多少个点，或者叫多少个像素，称为图像的分辨率（ dpi ）；另一个核心要点是要记录每个点的特征的数据位数，也就是所谓的数据深度。比如记录某个点的亮度用一个字节（ 8bit ）来表示，那么这个亮度可以有 256 个灰度级差。这 256 个灰度级差分别均匀地分布在由全黑（ 0 ）到全白（ 255 ）的整个明暗带中。当然每个一定的灰度级将由一定的数值（ 0～255 ）来表示。亮度因素是这样记录，色相及其彩度等因素也是如此。显然，无论从平面的取点还是记录数据的深度来讲，采样形成的图像与模拟图像必然有一定的差距，必然丢了一些数据。但这个差距通常控制得相当小，以至于人的肉眼难以分辨，人们可以将数字化图像等同于模拟图像。

我们常用的数字化图像保存格式包括 BMP、JPEG、GIF、TIFF、WMF 等。

BMP 格式（ Bitmap ）是 Windows 操作系统中的标准图像文件格式，能够被多种 Windows 应用程序所支持。这种格式的特点是包含的图像信息丰富，几乎不进行压缩，但会占用较大的存储空间。BMP 格式支持 RGB、索引颜色、灰度和位图颜色模式，但不支持 Alpha 通道。基本上绝大多数图像处理软件都支持此格式。

JPEG 格式是由联合照片专家组（ Joint Photographic Experts Group ）开发的。它既是一种文件格式，又是一种压缩技术。JPEG 作为一种很灵活的格式，具有调节图像质量的功能，允许用不同的压缩比例对这种文件压缩。作为先进的压缩技术，它用有损压缩方式去除冗余的图像和彩色数据，在获取极高的压缩率的同时能展现丰富、生动的图像。JPEG 应用非常广泛，大多数图像处理软件均支持此格式。

GIF（ Graphics Interchange Format ）文件格式是 CompuServe 公司开发的图像文件格式。采用了压缩存储技术。GIF 格式同时支持线图、灰度图和索引图像，但最多支持 256 种色彩的图像。GIF 格式的特点是压缩比高，磁盘空间占用较少，下载速度快，可以存储简单的动画。由于 GIF 图像格式采用了渐显方式，即在图像传输过程中，用户先看到图像的大致轮廓，然后随着传输过程的继续而逐步看清图像的细节。

TIFF（ Tagged Image File Format ）格式的文件体积庞大，但存储信息量亦巨大，细微层次的信息较多，有利于原稿阶调与色彩的复制。该格式分压缩和非压缩两种形式，常用于扫描仪的图形输出。

WMF（ Windows Metafile Format ）是 Microsoft Windows 剪贴画矢量图形格式，具有文件短小、图案造型化的特点。可以在 Microsoft Office 中调用编辑。

### 3. 视频处理

模拟视频的数字化过程首先需要通过采样将模拟视频的内容进行分解，得到每个像素点的色彩组成，然后用固定采样率进行采样，并将色彩描述转换成 RGB 颜色模式，生成数字化视频。数字化视频和传统视频相同，由帧（Frame）的连续播放产生视频连续的效果，在大多数数字化视频格式中，播放速度为每秒 24 帧。

数字化视频的数据量巨大，通常要采用特定的压缩算法对数据进行压缩，根据压缩算法的不同，保存数字化视频的常用格式包括 AVI、MPEG/MPG/DAT、RM、WMV 等。

AVI（Audio Video Interleave）格式是由微软公司开发的一种数字音频与视频文件格式。最早仅仅用于微软的 Windows 视频操作环境（Microsoft Video for Windows），现在已被大多数操作系统支持。AVI 格式允许视频和音频交错在一起同步播放，但 AVI 文件没有限定压缩标准，由此就造成了同是 AVI 类型名的视频文件不具有兼容性，须使用相应的解压缩算法才能将其播放出来。

MPEG/MPG/DAT 格式，VCD 光盘压缩就是采用的 MPEG 文件格式。MPEG（Moving Pictures Experts Group，动态图像专家组）是由国际标准化组织（International Standards Organization，ISO）与国际电子委员会（International Electronic Committee，IEC）于 1988 年联合成立的，专门致力于运动图像（MPEG 视频）及其伴音编码（MPEG 音频）的标准化工作。MPEG 是运动图像压缩算法的国际标准，现已被几乎所有的计算机平台共同支持。与前面某些视频格式不同的是，MPEG 采用有损压缩法减少运动图像中的冗余信息从而达到高压缩比的目的，当然这些都是在保证影像质量的基础上进行的。MPEG 压缩标准是针对运动图像而设计的，其基本方法是：在单位时间内采集并保存第一帧信息，然后只存储其余帧相对第一帧发生变化的部分，从而达到压缩的目的。MPEG 的平均压缩比为 50∶1，最高可达 200∶1，同时图像和音响的质量也非常好，并且在微机上有统一的标准格式。

RM（Real Media）格式是 RealNetworks 公司开发的一种新型流式视频文件格式，其下有 3 种流格式：RA（RealAudio）、RM（RealVideo）和 RF（RealFlash）。RA 格式用来传输接近 CD 音质的音频数据，RM 格式用来传输连续的视频数据，而 RF 格式则是 RealNetworks 公司与 Macromedia 公司合作推出的一种高压缩比的动画格式。Real Media 可以根据网络数据传输速率的不同制定不同的压缩比率，由 RM 演变而来的 RMVB 格式为适应网络传输的变速率格式，从而实现在低速率的 Internet 上进行影像数据的实时传送和实时播放。

ASF（Advanced Streaming Format）格式是微软公司推出的高级流格式，是一个在 Internet 上实时传播多媒体的技术标准，微软公司试图用 ASF 取代 QuickTime 之类的技术标准。

WMV（Windows Media Video）是一种数据格式，音频、视频、图像以及控制命令脚本等多媒体信息均可通过这种格式以网络数据包的形式传输，实现流式多媒体内容发布。WMV 的最大优点是体积小，具有播放认证控制，因此适合网络传输。

## 习题 3

### 一、单项选择题

1. 十进制数 121 转换成无符号二进制整数是________。

A. 1111001　　B. 111001　　C. 1001111　　D. 100111

2. 按照数的进位制概念，下列各个数中正确的八进制数是________。

A. 1101　　B. 7081　　C. 1109　　D. B03A

3. 在不同进制的四个数中，最小的一个数是________。

A. 11011001（二进制）　　B. 75（十进制）

C. 37（八进制）　　D. 2A（十六进制）

4. 如果删除一个非零无符号二进制数尾部的 2 个 0，则此数的值为原数的________。

A. 4 倍　　B. 2 倍　　C. 1/2　　D. 1/4

5. 在数制的转换中，下列叙述中正确的一条是________。

A. 对于相同的十进制正整数，随着基数 *r* 的增大，转换结果的位数小于或等于原数据的位数

B. 对于相同的十进制正整数，随着基数 *r* 的增大，转换结果的位数大于或等于原数据的位数

C. 不同数制的数字符是各不相同的，没有一个数字符是一样的

D. 对于同一个整数值的二进制数表示的位数一定大于十进制数字的位数

6. 在标准 ASCII 表中，已知英文字母 A 的 ASCII 值是 01000001，英文字母 D 的 ASCII 值是________。

A. 01000011　　B. 01000100　　C. 01000101　　D. 01000110

7. 在标准 ASCII 表中，已知英文字母 A 的 ASCII 值是 01000001，英文字母 E 的 ASCII 值是________。

A. 01000011　　B. 01000100　　C. 01000101　　D. 01000010

8. 根据汉字国标 GB2312—1980 的规定，一个汉字的内码码长为________。

A. 8bits　　B. 12bits　　C. 16bits　　D. 24bits

9. 一个汉字的国标码需用 2 字节存储，其每个字节的最高二进制位的值分别为________。

A. 0，0　　B. 1，0　　C. 0，1　　D. 1，1

10. 用 16×16 点阵来表示汉字的字形，存储一个汉字的字形需用________字节。

A. 16×1　　B. 16×2　　C. 16×3　　D. 16×4

11. 在下列字符中，其 ASCII 值最小的一个是________。

A. 9　　B. p　　C. Z　　D. a

12. 在标准 ASCII 表中，数字码、小写英文字母和大写英文字母的前后次序是________。

A. 数字、小写英文字母、大写英文字母　B. 小写英文字母、大写英文字母、数字

C. 数字、大写英文字母、小写英文字母　D. 大写英文字母、小写英文字母、数字

13. 若已知某汉字的国标码是 5E38H，则其内码是________。

A. DEB8H　　B. DE38H　　C. 5EB8H　　D. 7E58H

14. 汉字的区位码由一个汉字的区号和位号组成。其区号和位号的范围各为________。

A. 区号 1～95，位号 1～95　　B. 区号 1～94，位号 1～94

C. 区号 0～94，位号 0～94　　D. 区号 0～95，位号 0～95

15. 在计算机中，对汉字进行传输、处理和存储时使用汉字的________。

A. 字形码　　B. 国标码　　C. 输入码　　D. 机内码

16. 在标准 ASCII 表中，已知英文字母 K 的十六进制编码值是 4B，则二进制编码值

1001000 对应的字符是________。

A. G　　B. H　　C. I　　D. J

17. 区位码输入法的最大优点是________。

A. 只用数码输入，方法简单，容易记忆　B. 易记易用

C. 一字一码，无重码　D. 编码有规律，不易忘记

18. 显示或打印汉字时，系统使用的是汉字的________。

A. 机内码　　B. 字形码　　C. 输入码　　D. 国标交换码

19. 以.jpg 为扩展名的文件通常是________。

A. 文本文件　　B. 音频信号文件　　C. 图像文件　　D. 视频信号文件

20. 一般说来，数字化声音的质量越高，则要求________。

A. 量化位数越少、采样率越低　B. 量化位数越多、采样率越高

C. 量化位数越少、采样率越高　D. 量化位数越多、采样率越低

21. 目前有许多不同的音频文件格式，下列不是数字音频的文件格式的是________。

A. WAV　　B. GIF　　C. MP3　　D. MID

22. 声音与视频信息在计算机内的表现形式是________。

A. 二进制数字　　B. 调制　　C. 模拟　　D. 模拟或数字

23. 对声音波形采样时，采样频率越高，声音文件的数据量________。

A. 越小　　B. 越大　　C. 不变　　D. 无法确定

24. 对一个图形来说，通常用位图格式文件存储与用矢量格式文件存储所占用的空间相比________。

A. 更小　　B. 更大　　C. 相同　　D. 无法确定

25. 若对音频信号以 10kHz 采样率、16 位量化精度进行数字化，则每分钟的双声道数字化声音信号产生的数据量约为________。

A. 1.2MB　　B. 1.6MB　　C. 2.4MB　　D. 4.8MB

**二、判断题**

1. ASCII 在计算机中的表示方式为一个字节，最高位为“0”，汉字编码在计算机中的表示方式为一个字节，最高位为“1”。

2. 二进制是由 1 和 2 两个数字组成的进制方式。

3. 实现汉字字形表示的方法，一般可分为点阵式与矢量式两大类。

4. 汉字处理系统中的字库文件用来解决输出时转换为显示或打印字模问题。

5. 按字符的 ASCII 值比较，“A”比“a”大。

6. 数字“1028”未标明后缀，但是可以断定它不是一个十六进制数。

7. 已知一个十六进制数为（8AE6），其二进制数表示为（1000101011100110）。

8. 常用字符的 ASCII 值从小到大的排列规律是：空格、阿拉伯数字、小写英文字母、大写英文字母。

9. 计算机能够自动、准确、快速地按人们的意图进行运行的最基本思想是存储程序和程序控制，这个思想是图灵提出来的。

10. 二进制数的逻辑运算是按位进行的，位与位之间没有进位和借位的关系。

# 第4章 程序设计基础

Program =Data Structure+Algorithm.

——Nicklaus Wirth

程序=数据结构+算法。

——尼古拉斯·沃斯

学习目标

- 掌握算法的流程图表示方法
- 掌握算法的特征描述方式
- 了解算法的性质和评价标准
- 了解计算机语言的分类方法
- 掌握程序设计的方法和步骤

随着计算机应用领域的不断扩大，现有的软件越来越不能满足人们的需求，大家都希望在自己的领域内能用到更实用的软件，这通常只有通过自己设计软件来实现。要想自己设计软件，首先需要有一定的程序设计基础。

## 4.1 算法

### 4.1.1 算法概述

算法是整个计算机科学的基石，是计算机处理信息的本质。高德纳（Donald E. Knuth）提出，算法是一组有穷的规则，这些规则给出了求解特定类型问题的运算序列。从广义上说，算法就是为解决某一问题而采取的方法和步骤。这在我们日常生活中有许许多多的例子。例如，建筑蓝图可以看成算法，建筑工程师设计出建筑物的施工蓝图，建筑工人根据蓝图施工就是执行算法；工作计划可以看成算法，公司领导制定一段时期的工作计划，职员依据工作计划工作就是执行算法；乐谱也可以看成算法，作曲家创作一首乐曲就是设计一种算法，演奏家按照乐谱演奏就是执行算法。

1．算法的特征

（1）一个算法必然是由一系列操作组成的，比如加、减，比较大小，输入、输出数据等。

（2）这一系列的操作必然是按一定的控制结构的规定来执行的，这里的控制结构即为顺序、选择、循环这 3 种基本结构。

顺序结构是最简单的一种基本结构，计算机在执行顺序结构的程序时按照书写程序的先后次序，自上而下逐条执行，中间没有跳跃和重复，如图 4-1 所示。

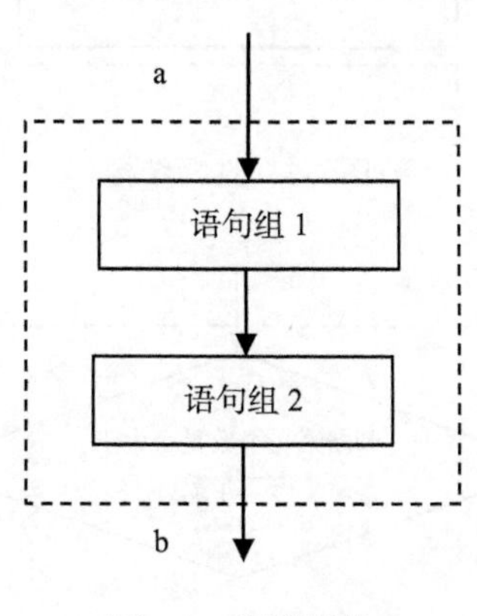


图 4-1　顺序结构

【例 4-1】交换 A 瓶和 B 瓶内的溶液。第一步，将 A 瓶的溶液倒入 C 瓶中；第二步，将 B 瓶的溶液倒入 A 瓶中；第三步，将 C 瓶的溶液倒入 B 瓶中。用顺序结构图表示如图 4-2 所示。

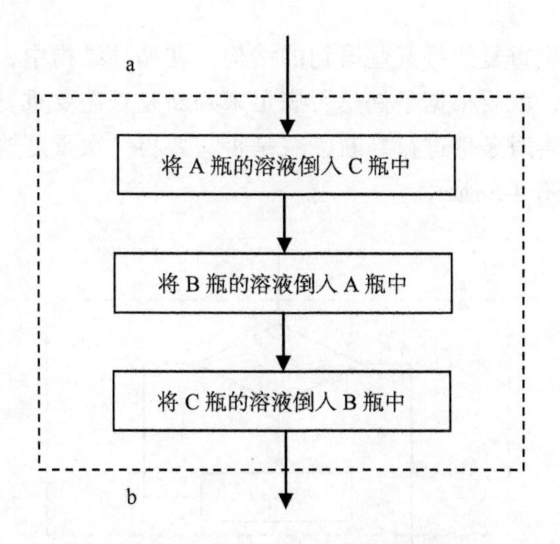


图 4-2　交换 A 瓶和 B 瓶内的溶液

选择结构常用来根据某种条件成立与否有选择地执行一些语句，因此在选择结构中会有一个或多个条件。当计算机执行到选择结构时，就要根据条件是否满足来判断是否需要跳过某些语句而去执行另外一些语句，如图 4-3 所示。

【例 4-2】求两个数中的最大数。这里就需要进行判断，如果第一个数大于第二个数，就输出第一个数；如果不是，就输出第二个数。用选择结构图表示如图 4-4 所示。

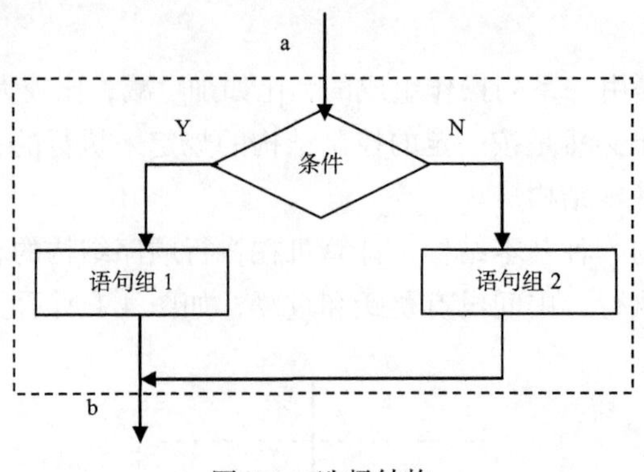


图 4-3 选择结构

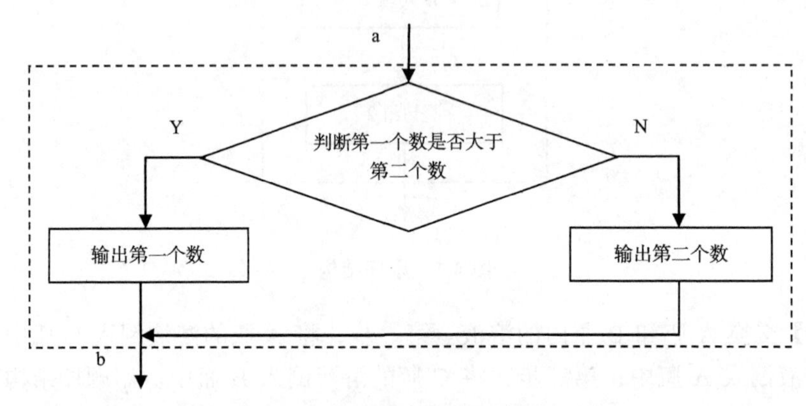


图 4-4 求两个数中的最大数

循环结构是让计算机重复执行某些语句的结构。在循环结构中，也存在一个条件。当计算机执行到循环结构时，就要根据条件是否满足来判断是否需要重复执行某些语句；当执行完一次那些语句以后，再对条件进行判断，看是否需要再一次重复执行那些语句；如果不需要就退出循环结构，如图 4-5 所示。

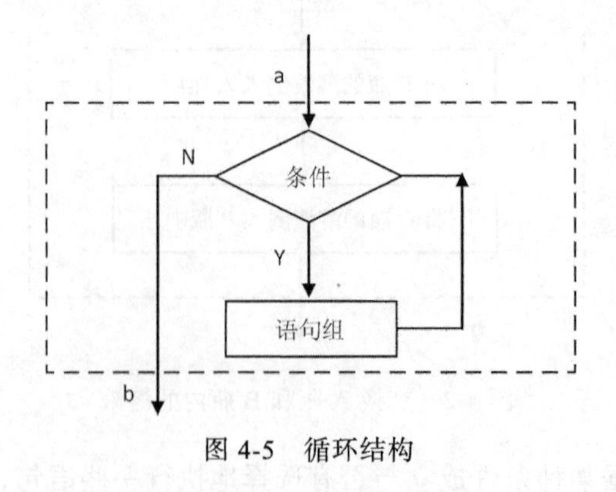


图 4-5 循环结构

### 2. 算法的性质

算法包含 5 个重要性质。

（1）有穷性：算法是一个有穷步骤序列，即一个算法必须在执行有穷步后结束。换言之，任何算法都必须在有限的时间（合理的时间）内完成。显然，一个算法如果永远不能结束或需要运行相当长的时间才能结束，这样的算法是没有使用价值的。

（2）确定性：算法中的每一个步骤都必须有明确的定义，不能有二义性和不确定性。

（3）输入：算法执行过程中可以有 0 个或若干个输入数据，即算法处理的数据可以不输入（内部生成），也可以从外部输入。少量数据适合内部生成，大量数据一般需要从外部输入，所以多数算法中要有输入数据的步骤。

（4）输出：算法在执行过程中必须有 1 个以上的输出操作，即算法中必须有输出数据的步骤。一个没有输出步骤的算法是毫无意义的。

（5）可执行性：算法中的每一个步骤都是可以实现的，即在现有计算机上是可执行的。例如，当 B 是一个很小的实数时，A/B 在代数中是正确的，但在算法中是不正确的，它在计算机上无法执行，要使 A/B 能正确执行，必须在算法中控制 B 满足条件：$|B|>\delta$，$\delta$ 是一个计算机允许的合理小实数。

**3. 评价算法的标准**

在算法设计中，只强调算法特性是不够的。一个算法除了满足 5 个性质外，还应该有一个质量问题。一个问题可有若干个不同的求解算法，一个算法又可有若干个不同的程序实现。在不同算法中有好算法，也有差算法，例如，针对同一问题，执行 10 分钟的算法要比执行 10 小时的算法好得多。设计高质量算法是设计高质量程序的基本前提。如何评价算法的质量呢？评价的标准是什么？不同时期、不同环境、不同情况其评价标准可能不同，会有差异，但主要的评价指标是相同的。目前，评价算法质量有以下 4 个基本标准。

（1）正确性：一个好算法必须保证运行结果正确。算法正确性，不能主观臆断，必须经过严格验证，一般不能说绝对正确，只能说正确性的高低。目前程序正确性很难给出一个严格的数学证明，程序正确性证明尚处于研究阶段。选用现有的、经过时间考验的算法，或采用科学规范的算法设计方法，是保证算法正确性的有效途径。

（2）可读性：一个好算法应有良好的可读性，好的可读性有助于保证好的正确性。科学、规范的程序设计方法（结构化和面向对象方法）能提高算法的可读性。

（3）通用性：一个好算法要尽可能通用，可适用一类问题的求解。例如，设计求解一元二次方程 $2x^2+3x+1=0$ 的算法，该算法最好设计成求解一元二次方程 $ax^2+bx+c=0$ 的算法。

（4）高效率：效率包括时间和空间两个方面。一个好的算法应执行速度快、运用时间短、占用内存少。效率和可读性往往是矛盾的，可读性要优先于效率。目前，在计算机运算速度比较快、内存比较大的情况下，高效率已处于次要地位。

## 4.1.2　算法表示

目前描述算法有许多方式和工具，常用的有自然语言、流程图、N-S 流程图、伪代码、PAD 图和计算机语言。

**1. 自然语言描述算法**

自然语言描述算法即选择某种自然语言（如汉语）来描述算法。使用自然语言描述算法的优点是描述自然、灵活和多样。对初学者来说，用自然语言描述算法最为直接，没有语法语义障碍，容易理解。缺点是文字冗长，不够简明，尤其会出现含义不太严格、易产生歧义性、有悖于算法的确定性特征。我们在算法设计中应少用或不用自然语言描述算法；在设计初步算法时可适当采用自然语言描述，然后用其他描述工具细化算法描述。

【例 4-3】求输入数的绝对值。

步骤 1：把数据输入一个存储空间中。

步骤 2：判断存储空间内的值，如果大于等于 0，转步骤 4，否则转步骤 3。

步骤 3：将存储空间的内容取它的负数后，放回到存储空间内。

步骤 4：输出存储空间的值。

步骤 5：算法结束。

【例 4-4】用洗衣机洗衣，设计并用自然语言描述其洗涤过程（算法）。

步骤 1：将待洗衣物放入洗衣机。

步骤 2：向洗衣机中注水。

步骤 3：操作洗衣机洗涤衣物。

步骤 4：操作洗衣机排水。

步骤 5：操作洗衣机甩干衣物。

步骤 6：检查衣物是否洗净？若未洗净，转步骤 2，否则转步骤 7。

步骤 7：取出衣物进行晾晒。

步骤 8：算法结束。

**2. 流程图描述算法**

所谓用流程图来描述算法，就是采用规定意义的图形来表示不同的操作，通过组合这些图形符号表示算法，也叫作框图。流程图是使用较为普遍的算法描述工具，其优点是直观形象、简洁清晰、易于理解；缺点是由于转移箭头的无约束使用，影响了算法的可靠性。通过规范图形符号和对转移箭头的约束使用可弥补流程图的缺点，提高算法的可靠性。

（1）流程图的符号

流程图由行业标准规定的符号组成。流程图符号有很多，但只有少数符号被经常使用，下面列出这些常用的符号及意义，如图 4-6 所示。

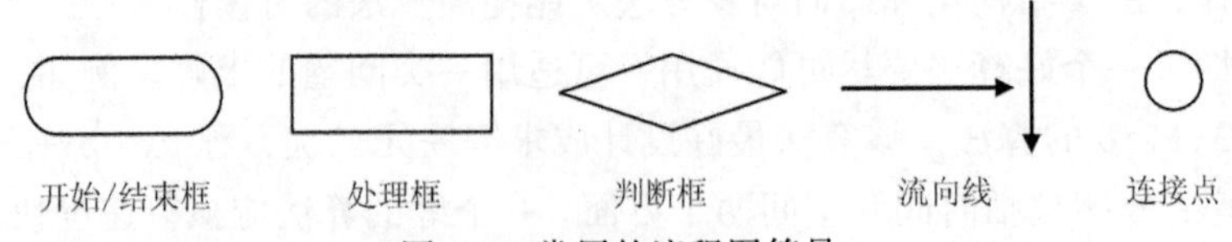


图 4-6　常用的流程图符号

开始/结束框：表示流程图的起点或终点，即开始或结束，框中给出开始或结束说明。开始/结束框只能有一个入口或一个出口。

处理框：表示各种处理功能，框中给出处理说明或一组操作。处理框只能有一个入口和一个出口。

判断框：表示一个逻辑判断，框中给出判断条件说明、条件表达式、逻辑表达式或算术表达式。判断框只能有一个入口，两个出口，但在执行过程中只有一个出口被激活。

流向线：表示算法的执行方向。一般约定，流程图从上到下、从左到右执行。

连接点：表示流程线的断点（去向或来源），图中会给出断点编号。连接框只能有一个入口或一个出口。

（2）流程图的绘制规则

在绘制流程图之前，绘图者应该了解一些关于流程图绘制的规则。因为只有了解和遵守这些规则，所编写的流程图才能够被其他程序员读懂。

规则 1：使用标准的流程图符号。使用标准的流程图符号，其他程序员才能够理解绘图者的流程图的意思，并且绘图者也可以理解其他程序员的流程图的意思。

规则 2：通常情况下，流程图的逻辑应该按照从页面顶端到页面底部、从左到右的顺序进行流动。如果流程图不遵守这个标准，那么它们就会变得混乱且难于理解。由于逻辑结构中的循环结构，流程图中可能会有一部分的流向是向上的，并且流向页面的左边，以重复执行某些操作，但流程图总体上的流向应该是向下的。

规则 3：大多数流程图符号具有一个进入点和一个退出点，但判断符号具有两个退出点，根据判断的结果在两个退出点中激活一个使用。

规则 4：判断符号应该始终询问一个“是”或“不是”的问题。

规则 5：流程图内的指示的描述应该是非常清楚的，不应该使用编写语言的语句。

（3）流程图示例

**【例 4-5】**根据输入的长、宽、高，求长方体的体积。假设用于存放输入数据长、宽、高的存储空间的名称分别为 a、b、c，存放体积的存储空间的名称为 v。算法的流程图如图 4-7 所示。

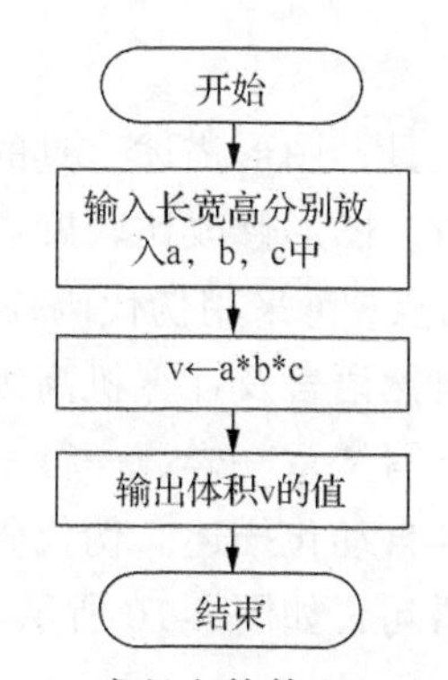


图 4-7　求长方体体积的流程图

**【例 4-6】**求输入数的绝对值。假设存放输入数据的存储空间的名称为 a。算法的流程图如图 4-8 所示。

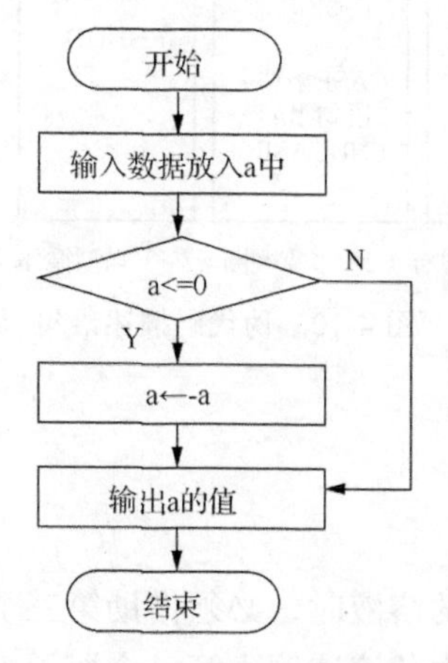


图 4-8　求输入数绝对值的流程图

【例 4-7】用洗衣机洗衣，设计并用流程图描述其洗涤过程（算法），流程图如图 4-9 所示。

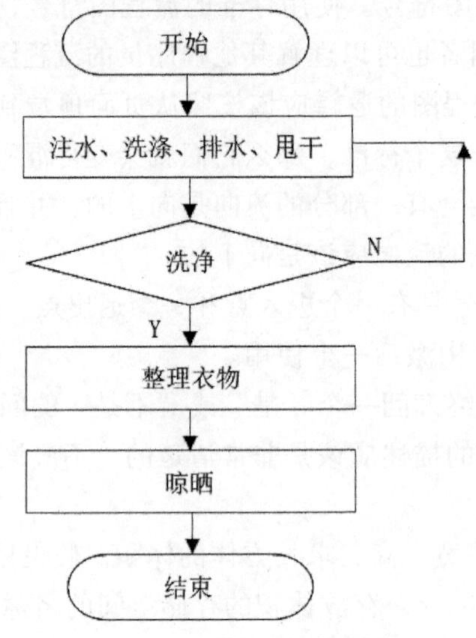


图 4-9　洗涤过程流程图

### 3. 伪代码描述算法

流程图、N-S 图均为图形描述工具，图形描述工具的共同优点是描述的算法直观易懂，但共同缺点是图形绘制比较费时费事，图形修改比较麻烦，所以图形工具也不是很理想的描述工具。为了克服图形描述工具的缺点，可采用伪代码描述工具描述算法。伪代码简称伪码，也称过程描述语言。伪代码是介于自然语言及计算机高级程序设计语言之间的一种文字和符号描述工具，它不涉及图形，类似于写文章一样，一行一行，自上而下地描述算法，书写方便，格式紧凑，言简意明，可实现半自动化描述。伪代码自上而下顺序执行，算法判断结构和循环结构都有对应的伪代码描述语句，如图 4-10 所示。

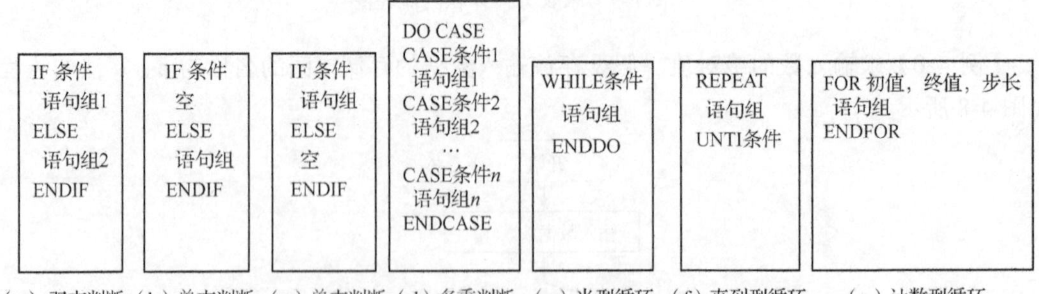


图 4-10　伪代码描述语句

## 4.1.3　常用算法示例

### 1. 交换两个存储空间的内容

当我们需要交换两个瓶子中的溶液时，必须借助第三个瓶子，先把第一瓶中的溶液倒入第三个瓶子中，再把第二个瓶子中的溶液倒入第一个瓶子中，最后再把第三个瓶子中的溶液倒入第二个瓶子中，这样才能实现两个瓶子中的溶液的交换，而不能直接把两个瓶子对着倒。

当需要交换两个存储空间的内容的时候，也应采取这样的方法。

【例 4-8】交换两个存储空间的内容，假设存储空间 1 的名称为 a，存储空间 2 的名称为 b，c 为使用到的第三个存储空间的名称。算法的流程图如图 4-11 所示。

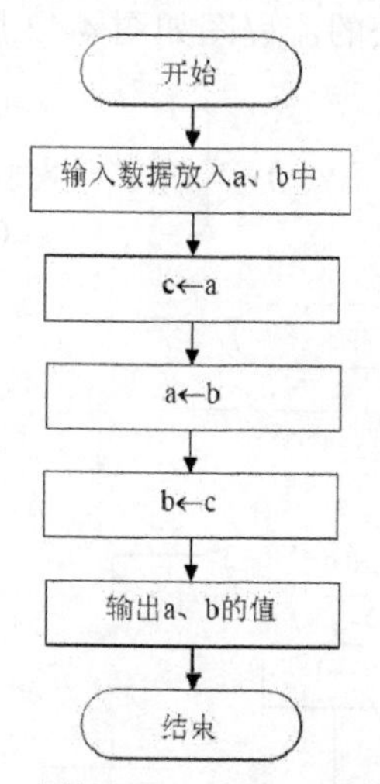


图 4-11　交换变量 a 和 b 的值的流程图

## 2. 求最值

因为计算机一次只能比较两个数，因此当需要比较多个数的大小时，就只能经过多次比较。不管是求最大值，还是最小值，都要采用这样的方法。首先，假定第 1 个数是最值，然后将最值和第 2 个数比较，得出这两个数之间的最值，再用最值和第 3 个数比较，一直到所有数比完，得到最后的最值。

【例 4-9】求输入的 3 个数中的最大数，假设存放这 3 个数的存储空间的名称分别是 a、b、c，存放最值的空间的名称为 max。算法的流程图如图 4-12 所示。

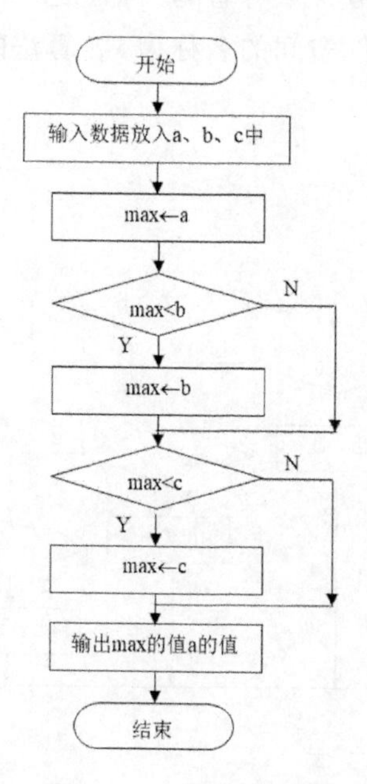


图 4-12　求输入 3 个数中最大数的流程图

3. 多分支选择结构

如果要处理的问题需要从多个可能的方案中进行选择，或者是根据不同的条件得到不同的结果，就要用到多分支选择结构。

【例 4-10】计算分段函数，算法的流程图如图 4-13 所示。

$$y(x)=\begin{cases}1 & x>0\\ 0 & x=0\\ -1 & x<0\end{cases}$$

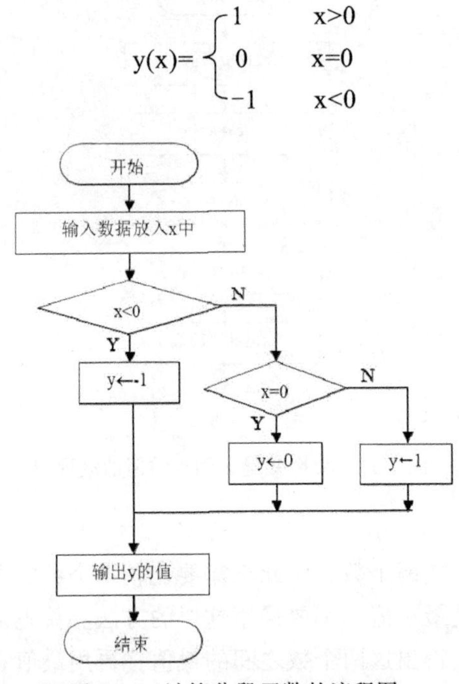


图 4-13 计算分段函数的流程图

【例 4-11】根据输入的学生的百分制成绩输出对应的成绩等级，90 分以上（含 90 分）者为“优”，80～89 分者为“良”，70～79 分者为“中”，60～69 分者为“及格”，60 分以下者为“不及格”。假设存放成绩的存储空间的名称为 x，算法的流程图如图 4-14 所示。

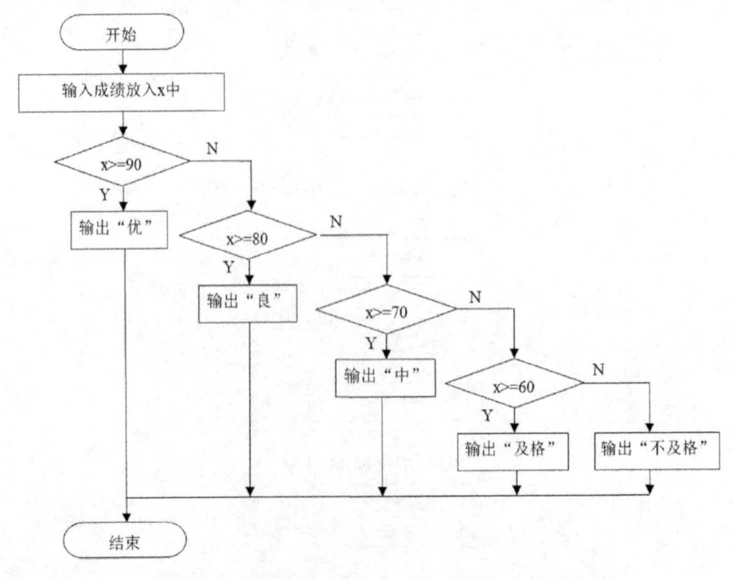


图 4-14 输出百分制成绩对应等级的流程图

# 4.2　程序设计

## 4.2.1　程序和程序设计

程序是什么，怎样才能得到一段程序呢？

从计算机的角度看程序：由于计算机只能完成简单的、基本的操作，如加法、传送数据等，这些操作被称为计算机指令，一台计算机能完成的指令总和称为计算机的指令系统。计算机无论做多么复杂和高级的工作，都要通过执行指令序列实现。把指令排列成一定的执行顺序，能实现预定功能的指令序列，就叫作程序。

从人类的角度看程序：日常生活中，我们每天都要接触很多“程序”，做任何事情都需要按照既定的“程序”完成，这个“程序”就是我们完成一件事的步骤。在叙述这些步骤时，对懂得中文的人可以用中文，对懂得英文的人可以用英文，但如果想让计算机懂得这些步骤，就必须用计算机语言进行描述，这时得到的就是一段计算机的程序。只是计算机执行的每一个步骤叫作指令。因此，计算机程序的定义是：计算机为完成某个任务所必须执行的一系列指令的集合。

使用计算机解决问题就是让计算机代替人脑的部分功能，按照人所规定的步骤对数据进行处理，这种方式与人类解决问题的方式十分相似，但也有其自身的特点。使用计算机解决问题时，除了需要使用计算机语言来描述解决问题的方法——算法，还涉及对数据进行处理，以及数据在计算机内的组织和存储方式——数据结构的问题。从这个意义上讲，计算机程序就是建立在数据结构基础上使用计算机语言描述的算法，也就是尼古拉斯·沃斯提出的著名公式“算法+数据结构=程序”。

那么程序设计又是什么呢？程序设计可以这样定义：将求解某个问题的算法，用计算机语言实现的过程。根据对程序的定义，有的学者就把程序设计表示为：程序设计=计算机（编程）语言+算法+数据结构。所以在进行程序设计时，必须解决三个问题，第一掌握一门计算机（编程）语言，第二设计出解决问题的步骤，第三确定所要处理的数据该如何组织。

## 4.2.2　软件的概念

软件包括一个在一定规模和体系结构的计算机中执行的程序，以及软件开发过程中涉及的各种文档和以各种形式存在的数据。也可以理解为软件是由程序、支持模块和数据模块组成的，为计算机提供必要的指令和数据来完成特定的功能，如文本生成、财务管理或 Web 浏览等。软件通常包含许多文件，在这些文件中有一个可执行文件，扩展名为.exe，即可执行程序，运行它就可以使用该软件，软件一般还含有安装和卸载该软件的其他文件，软件中的支持模块提供一组辅助指令集合以实现软件各程序间的连接，软件中的数据模块提供完成软件功能所必须的数据。例如，字处理软件的检查拼写，是通过把用户在文档输入的单词与字典文件中正确拼写的单词进行比较以确定拼写的正误。字典文件是数据模块，是字处理软件本身所携带的。

因此程序不等于软件，程序只是软件的一个组成部分，如图 4-15 所示。

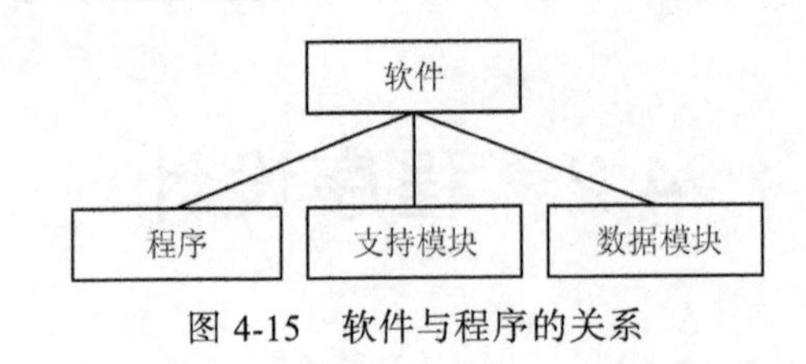


图 4-15　软件与程序的关系

# 4.3　程序设计语言

什么是程序设计语言呢？程序设计语言是人们用来向计算机传递信息与下达命令的通信工具。虽然计算机是人类所发明的最灵活的机器，但必须由人类事先告诉它要做什么和怎么去做。在今天的科技水平下，人们仍然只能通过人工设计的程序设计语言向计算机传达信息。计算机也只能识别人们用某种程序设计语言编写的程序。因此，我们必须掌握程序设计语言，才能书写程序指挥计算机代替我们解决实际问题。

## 4.3.1　程序设计语言的概念

程序设计语言常用来描述计算机上的运算，特别是具有存储程序能力的电子数字计算机上的计算。因此，程序设计语言的发展史同步于 20 世纪 40 年代起步的电子计算机的发展史。程序设计语言从最初的机器语言发展至今天流行的面向对象语言，语言的抽象层次越来越高，程序的风格越来越接近人类自然语言的风格，程序设计过程也越来越接近人类的思维过程。在短短的几十年间，人们在程序设计语言方面，取得了重大的成就。

为了让计算机能够按人们预先安排好的步骤进行工作，首先就要解决人机交流的问题。人们给计算机设定一系列的命令，计算机按给定的命令一步步地工作，这种命令就是人机交流的语言，我们可称之为程序设计语言。为实现某一任务，程序员利用程序设计语言编写的有序指令序列称为源代码或源程序，简称程序。程序设计语言也就是程序员用来编写程序的工具。

## 4.3.2　程序设计语言的组成

每一种程序设计语言都有规定的词汇，由标识符、保留字、特殊字符、数值等组成。当我们学习某一种程序设计语言时，应该注意它的语法和语义。不同的程序设计语言表现形式千差万别，但有些功能的定义是有共性的。例如，比较两个数的大小，这种实质上的功能描述称为语义，对于同一种功能，不同语言的区别主要在于表现形式上，这里的表现形式就是语法。

也就是说：语法是表示语言的各个构成记号之间的组合规则。语义表示各个记号的含义。程序设计语言的种类有很多，但它们的组成是类似的，都包含数据、运算、控制和传输这 4 种表示成分。

**1. 数据**

描述程序所涉及的数据对象。在程序运行过程中，其值不变的数据称为“常量”，其值可以改变的数据称为“变量”。另外，有些可以不加任何说明就能引用的运算过程，称为“标准函数”，其函数值可以像常量或变量一样参加运算。由常量、变量、函数、运算符和圆括号组成的式子称为“表达式”，它在程序中代表一个值。程序设计语言所提供的数据结构是以数据类型的形式表现的，程序中的每一个数据都属于某一种数据类型（整型、实型、自发性等）。

**2. 运算**

描述程序中应该执行的数据操作。程序中的运算一般包括算术运算（加+、减-、乘*、除/），关系运算（大于>、小于<、等于=、大于等于>=、小于等于<=、不等于<>）和逻辑运算（与 AND、或 OR、非 NOT）。

**3. 控制**

描述程序的操作流程控制结构。在程序中只要用 3 种形式的流程控制结构，即顺序结构、选择结构、循环结构，就足以表示出各种各样复杂的算法过程，这已从理论上得到证明。

**4. 传输**

表达程序中数据的输入和输出，这些语句分别是输入/输出语句。

### 4.3.3　程序设计语言的分类

计算机可以识别并直接运行的是令人感到晦涩难懂的机器指令（二进制代码）序列，这种机器指令难于掌握，要想熟练应用就更难了。各种程序设计语言的出现就是为了避免人们直接面对机器指令，使编程工作变得简单而又富有乐趣，从而使计算机变得更加易用，程序设计语言变得更加易学。

程序设计语言的分类可以从不同的角度进行。例如，从应用范围来分，程序设计语言既可分为通用语言与专用语言，又可细分为系统程序设计语言、科学计算语言、事务处理语言、实时控制语言等；从程序设计方法来分，程序设计语言可分为面向机器语言、面向过程语言、面向对象语言；从程序设计语言的发展历程来分，程序设计语言又可分为机器语言、汇编语言和高级语言。目前广泛使用的分类方案是根据程序设计语言的发展历程来进行分类的。

**1. 机器语言**

从本质上说，计算机只能识别“0”和“1”两个数字，也就是二进制代码。以二进制指令代码表示的指令集合，是计算机能直接识别和执行的机器语言。最初的程序设计直接使用机器语言。使用机器指令进行程序设计要求程序设计者有深入的计算机专业知识，对机器的硬件有充分的了解。用机器语言编写的程序运行效率高，占用内存少，但缺点是这种程序的可读性差，程序不直观，编程、维护都很困难。而且由于面向机器，不同机器的机器指令不同，因此程序的可移植性差，所编写的程序只能在相同的硬件环境下使用，大大限制了计算机的应用。

机器语言处理问题的方式与人们的习惯有较大差距，例如使用机器语言实现两个整数加法的过程与直接写 x=a+b 的形式就相差很多。

**【例 4-12】** 设 a=2、b=3，要利用机器语言计算 c=a+b。

11000111 01000101 11111100 00000010 00000000 00000000 00000000 ←令 a=2
11000111 01000101 11111000 00000011 00000000 00000000 00000000 ←令 b=3
10001011 01000101 11111100 ←将 a 放入 eax 累加器中
00000011 01000101 11111000 ←将 b 的值与累加器中的值相加，结果放在累加器中
10001001 01000101 11110100 ←将累加器中的结果放入 c 中

### 2. 汇编语言

机器指令看起来比较凌乱，但实际上每条机器指令都必须满足严格的格式规定。指令长度取决于操作类型，一般开始的1～2个字节（1个字节为8位）表示操作类型，其后的若干字节表示操作数。为了便于记忆，人们将机器指令所代表的操作类型用符号来表示，这些符号称为助记符。汇编语言就是用助记符来表示指令的符号语言。操作数用寄存器名（如eax、ebx、esp）或者用易读且与二进制数字有直接对应关系的十六进制数字表示，这种格式的指令汇集在一起称为助记符语言。助记符语言是通过对机器语言进行抽象而形成的，因此每一条汇编指令和机器指令都是一一对应的关系，这些助记符通常是指令功能的英文单词的缩写，所以记忆较为容易。就可读性而言，助记符语言比机器语言好，而且与机器指令直接对应，所以在编写程序时利用助记符语言比机器语言要方便得多，但是利用助记符编写的程序是不能在计算机上直接运行的，必须要将它翻译成计算机所能识别的机器语言形式。从助记符语言到机器语言的翻译工作最初是手工进行的，但是由于助记符与机器指令直接一一对应，因此出现了一种被称为汇编程序的程序，能够代替人进行烦琐的翻译工作。同时为了编程方便，对助记符语言也进行了扩充，加入了伪指令（由汇编程序进行识别和处理，形式上像机器指令，实际上不是机器指令）、宏定义等功能，形成了所谓的汇编语言。利用汇编语言编写的程序，需经汇编程序翻译成机器指令序列后方可运行，如图4-16所示。

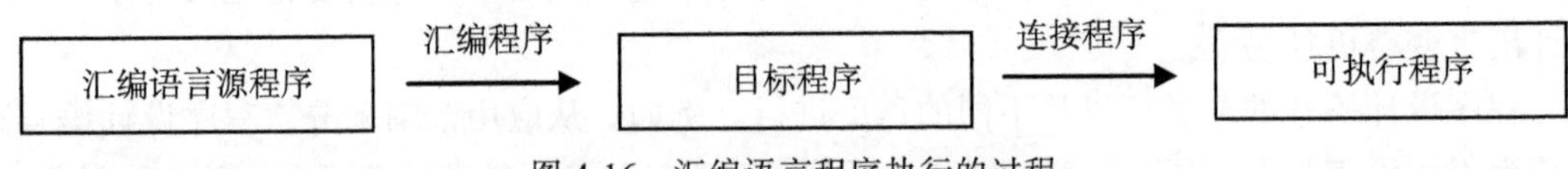


图4-16　汇编语言程序执行的过程

汇编语言除了可读性比机器语言好些，同样也存在机器语言的缺点，缺点是仍然面向机器，通用性差，尤其是表示问题的方式与人类的习惯仍然差距很大，通常要求编程者对计算机硬件有深入的了解，因此目前汇编语言主要用于编写一些低层的控制软件。

【例4-13】设a=2、b=3，要利用汇编语言计算c=a+b。

```
mov dword ptr[ebp-4]，2 ←令 a=2
mov dword ptr[ebp-8]，3 ←令 b=3
mov eax，dword ptr[ebp-4] ←将 a 放入 eax 累加器中
add eax，dword ptr[ebp-8] ←将 b 的值与累加器中的值相加，结果放在累加器中
mov dword ptr[ebp-0ch]，eax ←将累加器中的结果放入 c 中
```

### 3. 高级语言

针对汇编语言的缺点，人们通过对汇编语言进一步抽象，产生了高级语言（也称为通用程序设计语言）。与汇编语言等低级语言相比，高级语言的表达方式更接近于人类自然语言的表示习惯，是一种接近于人们的自然语言与数学语言的程序设计语言，用高级语言编程简单、方便、直观、易读、不易出错。而且高级语言不像机器语言和汇编语言那样直接针对计算机硬件编程，因此不依赖于计算机的具体型号，具有良好的可移植性，各种机型上均可运行。

高级语言的一条语句通常对应于多条机器指令，所以对同一功能的描述，高级语言程序比机器指令程序紧凑得多。程序的可读性和描述问题的紧凑性所带来的好处具有更深层次的

意义，比如可读性好的程序易于维护，而且可读性好和描述紧凑的程序出错的可能性远低于难于理解和长度较大的程序，对于规模较大的程序设计这一点至关重要。

**【例 4-14】**设 a=2、b=3，要利用高级语言计算 c=a+b。

a=2

b=3

c=a+b

高级语言种类繁多，主要有命令式语言（又称为面向过程语言），如 FORTRAN、BASIC、ALGOL、Pascal、C 等；陈述式语言（用于人工智能领域），如 Lisp、Prolog；数据库语言，如 SQL 等；面向对象语言，如 C++等；网络开发语言，如 Java、C#等；标记语言，如 HTML、XML 等；脚本语言，如 VBScript、JavaScript 等。

不过，用高级语言编写的源程序和用汇编语言编写的源程序一样，都是不能被计算机直接识别和执行的，必须将它翻译成二进制代码的目标程序才能执行，即被计算机识别。每种高级语言都有自己的翻译程序，互相不能代替。

翻译程序有两种工作方式：一种是解释方式，另一种是编译方式。

解释方式的翻译工作由“解释程序”来完成，解释程序对源程序一条语句一条语句地边解释边执行，不产生目标程序。程序执行时，解释程序随同源程序一起参与运行，如图 4-17（a）所示。解释方式执行速度慢，但可以进行人机对话。在程序的执行过程中，编程人员可以随时发现程序执行过程中出现的错误并及时修改源程序。这种方式，对于初学者来说非常方便。

编译方式的翻译工作由“编译程序”来完成。编译程序对源程序进行编译处理后，产生一个与源程序等价的“目标程序”，因为在目标程序中还可能会用到计算机内部现有的程序（内部函数或内部过程）或其他现有的程序（外部函数或外部过程）等，所有这些程序还没有连接成一个整体，因此这时产生的目标程序还无法运行，需要使用“连接程序”将目标程序和其他程序段组装在一起，才能形成一个完整的“可执行程序”。产生的可执行程序可以脱离编译程序和源程序独立存在并反复使用。编译方式如图 4-17（b）所示。

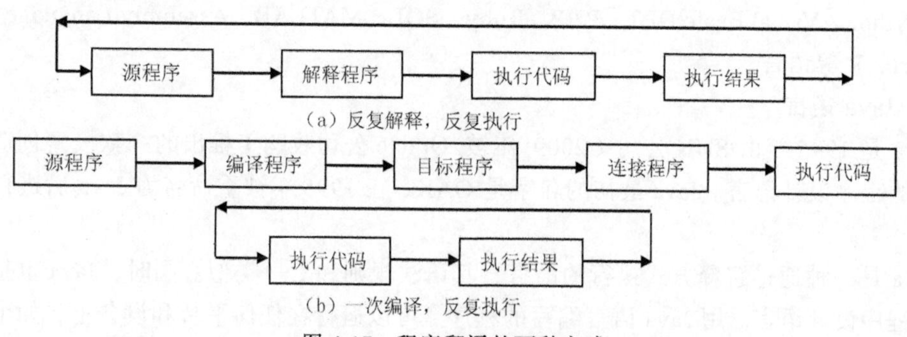


图 4-17　程序翻译的两种方式

有些语言同时提供了解释和编译功能，这样就可以在编写和调试程序时使用解释方式，以便及时发现程序中的错误并加以修改，而在程序调试通过后，再使用编译方式将这个程序编译连接成可执行文件，以便于反复执行。当然，如果修改了源程序，则需要重新进行编译和连接工作。

### 4.3.4 常用程序设计语言简介

为了适应不同的需要，每一种语言都有它自己的特点，例如，有的程序设计语言适合于科学计算，有的程序设计语言适合于编写系统软件，有的程序设计语言适合于数据库管理，有的程序设计语言适合于图形设计，还有的程序设计语言适合于人工智能领域等，更有一些程序设计语言同时具备多种功能。通常情况下，一项任务可以用多种编程语言来完成，而有些特殊问题需要某种专门的语言才能解决，因此在程序设计初期究竟选择使用哪种语言就需要考虑多种因素了。

（1）语言的特点。除了一些特殊的场合，多数情况下，使用高级语言编写程序比使用低级语言编写程序具有明显的优势，如效率高，代码的可读性、可维护性强。另外，选择语言还要考虑语言本身是否有较理想的模块化编程机制，是否有良好的独立编译机制等。

（2）任务的需要。从应用领域角度考虑，各种语言都有其自身的应用领域，用户可根据任务本身的需要选择适合该领域的语言。要考虑：所选择的语言能否实现任务所规定的全部功能，执行效果如何，与其他语言相比有何优势，用该语言开发出的软件是否能跨平台运行（如在不同操作系统下运行），是否便于维护等。

（3）人的因素。如果在做一项比较紧急的任务，开发人员所精通的语言便是他的首选语言，如果他所熟悉的语言不适合用来完成规定的任务，那么他要考虑学习一门新的语言需要多长的时间。另外，如果开发的系统由用户自己负责维护，通常应该考虑选择用户熟悉的语言。

（4）工作单位的因素。开发人员所在的工作单位可能仅仅有一两个编译器的许可证，这样，就只能使用具有许可证的编译器所支持的语言来编写程序。

（5）其他因素。如使用所选语言实现指定任务需要多长的开发周期等。

随着计算机科学技术的发展及应用领域的迅速扩展，各种语言都在不断推出新的版本，功能也在不断更新和增强。每个时期都有一批语言在流行，又有一批语言在消亡。因此，了解一下常用程序设计语言的功能及特点，对于我们选择合适的语言书写自己的程序会有很大的帮助。

根据 TIOBE 排行榜的统计数据，目前比较受欢迎的程序设计语言有 Java、JavaScript、C、C++、Python、Visual Basic.NET、PHP、Ruby、SQL、MATLAB、Assembly Language、Swift、Go、Perl、R 等语言。

1. Java 语言

Java 是 1995 年由 SUN 公司（2009 年被 Oracle 公司收购）推出的一款极富创造力的面向对象的程序设计语言。Java 最初的名字是 OAK，在 1995 年被重命名为 Java 后进行了正式发布。

Java 是一种通过解释方式执行的语言，其语法规则和 C++类似。同时，Java 也是一种跨平台的程序设计语言。用 Java 语言编写的程序，可以运行在任何平台和设备上，如个人计算机、各种微处理器硬件平台，以及 Windows、UNIX、OS/2、macOS 等系统平台，真正实现了“一次编写，到处运行”。

Java 程序还可以应用于计算机之外的领域，如电视、电话、手机和其他电子设备。目前 Java 的应用领域主要有这些方面：桌面应用系统开发、嵌入式系统开发、电子商务应用、交互式系统开发、多媒体系统开发、分布式系统开发和 Web 应用系统开发。

但 Java 也存在一些不足，例如，用 Java 编写的程序比用 C++编写的程序要长，再就是由于跨平台的特性需要虚拟机的支持，Java 程序的运行速度一直受到批评。微软的 J++是 Java 的一个版本，但它只支持在 Windows 环境下运行。

2. C 语言

贝尔实验室在 1972 年开发了 C 语言，它来自 Thompson 的 B 语言，是为编程人员开发的语言。目前，C 语言是当今世界最为流行的面向过程的程序设计语言之一，它功能强大、简单易学，既具有高级语言的优点，如可移植性强、容易理解等，又具有低级语言的功能，如可以直接处理字符、位运算、地址和指针运算等，还具有直接操作硬件的能力。

C 语言的优势：C 是一种融合了控制特性的现代语言，其设计使得用户可以自然地采用自顶向下的规划、结构化的编程，以及模块化的设计，这种做法使得编写出来的程序更可靠、更易懂。C 是一种高效的语言，在设计上它充分利用了当前计算机在能力上的优点。C 是一种可移植语言，在一个系统上编写的 C 程序经过较少改动或不经过修改就可以在其他系统上运行。C 语言强大又灵活，例如，极受欢迎的 UNIX 操作系统大部分便是由 C 编写的。其他语言（如 Python、Lisp 和 Logo 等）的许多编译器和解释器也都是 C 编写的。C 允许编程人员访问硬件，并可以操纵内存中的特定位，还有丰富的运算符可供选择，让编程人员能够简洁地表达自己的意图。另外，多数 C 实现都有一个大型的库，其中包括有用的 C 函数，这些函数能够处理编程人员通常会面对的许多需求。

3. C++语言

C++语言是在 C 语言的基础上为支持面向对象的程序设计而研制的一个通用的程序设计语言。它既保留了 C 语言的功能，又增加了面向对象的编程思想，是一种同时带有面向过程和面向对象特征的混合型语言。这种混合性使得编程人员不仅可以致力于面向过程的代码来编写一个完整的 C++程序，而且可以利用 C++来编写一个面向对象的程序且不含任何面向过程的部件，或者两者兼有。C++可以用于编写从简单的交互程序到复杂的工程学及科学程序中的任何程序。目前较流行的版本是微软公司的 Visual C++和 Borland 公司的 C++ Builder。

4. Python 语言

荷兰程序员吉多·范·罗萨姆（Guido van Rossum）于 1989 年开始开发 Python，1991 年初，发布了 Python 的第一个公开发行版。Python 是一门免费的、开源的、面向对象的跨平台高级动态编程语言。它继承了传统编译语言的强大性和通用性，同时也借鉴了简单脚本和解释语言的易用性，是一种效率极高的语言，相比众多其他语言，使用 Python 编写的程序包含的代码行更少。Python 的语法也有助于创建整洁的代码，相比其他语言，使用 Python 编写的代码更容易阅读、调试和扩展。

在各种不同的系统上可以看到 Python 的身影，这是由于在今天的计算机领域，Python 取得了持续快速的成长。因为 Python 是用 C 编写的，又由于 C 的可移植性，Python 可以运行在任何带有 ANSI C 编译器的平台上。尽管有一些针对不同平台开发的特有模块，但在任何一个平台上用 Python 开发的通用软件都可以稍加修改或者原封不动地在其他平台上运行。这种可移植性既适用于不同的架构，又适用于不同的操作系统。在 Python 中，由于内存管理是由 Python 解释器负责的，所以开发人员就可以从内存事务中解放出来，全力致力于开发计划中首要的应用程序。这会使错误更少、程序更稳健、开发周期更短。

Python 可用于众多方面：统计分析、移动终端开发、科学计算可视化、系统安全、逆向工程、软件测试与软件分析、图形图像处理、人工智能、机器学习、游戏设计与策划、网站开发、数据爬取与大数据处理、密码学、系统运维、音乐编程、影视特效制作、计算机辅助教育、医药辅助设计、天文信息处理、化学、生物信息处理、神经科学与心理学、自然语言处理、电子电路设计、电子取证等几乎所有的专业和领域，在安全领域更是多年来一直拥有霸主地位。

Python 应用案例：著名搜索引擎谷歌（Google）的核心代码使用 Python 实现；迪士尼公司的动画制作与生成采用 Python 实现；大部分 UNIX 和 Linux 操作系统都内建了 Python 环境支持；豆瓣网使用 Python 作为主体开发语言进行网站架构和有关应用的设计与开发；网易大量网络游戏的服务器端代码超过 70%采用 Python 进行设计与开发；易度的 PaaA 企业应用云端开发平台和百度云计算平台 BAE 也大量采用了 Python 语言；eBay 已经使用 Python 超过 15 年（在 eBay 官方宣布支持 Python 之前就已经有程序员在使用它了）；美国宇航局使用 Python 实现了 CAD/CAE/PDM 库及模型管理系统；微软集成开发环境 Visual Studio 2015 开始默认支持 Python 语言而不需要像之前的版本一样再单独安装 PTVS 和 IronPython；开源 ERP 系统 Odoo 完全采用 Python 语言开发；树莓派使用 Python 作为官方编程语言；引力波数据是用 Python 进行处理和分析的；YouTube、美国银行等也在大量使用 Python 进行开发等，类似的案例数不胜数。

### 5. Visual Studio.NET

Visual Studio.NET 提供了一套丰富的开发工具，隐藏了.NET 框架中许多内在的复杂性，从而减少了学习产品和开发应用程序所需的时间。安装 Visual Studio.NET 时，同时还会安装 CLR 和.NET 框架类。Visual Studio.NET 定义了可在.NET 框架中构建的 4 种不同的应用程序。

（1）控制台

这些是命令行应用程序，没有图形用户界面（Graphical User Interface，GUI），可以在 DOS 窗口中执行，并与 DOS 窗口交互。除了固有的用途外，这些应用程序特别适用于测试代码片段以便确保其功能正确。

（2）Windows 窗体

这些是围绕 GUI 构建的高级客户端应用程序，与使用 Visual Studio 以前版本编写桌面应用程序类似。在.NET 框架中开发的客户端应用程序的新增功能包括可视继承、无须编码的大小调整、自动控件更新等。

（3）Web 窗体

这些是围绕带有特殊控件的 GUI 构建的基于浏览器的应用程序。Web 窗体应用程序是使用 ASP.NET 编写的。

（4）XML Web services

这些是定义 XML Web services 的应用程序，它们可以在本地网络或 Internet 上公开，供其他 XML Web services 或应用程序使用。它们是基于 HTTP 和 XML 的，因此它们传输的信息可以通过防火墙传递。

### 6. PHP 语言

早期有人将 PHP 解释为 Personal Home Page，即个人主页，也有人将 PHP 称作“PHP：Hypertext Preprocessor”（这是一个递归的简称，简称之中又包含了简称）。那么到底什么是 PHP 呢？通俗地说，PHP 是一种服务器端、跨平台、HTML 嵌入式的脚本语言。服务器端执行的特性表明它是动态网页的一种。跨平台，则是指 PHP 不仅可以运行在 Linux 系统上，同时也可以运行在 UNIX 或者 Windows 系统上。另外，它还可以很简单地嵌入普通的 HTML 页中，用户所要做的只是在普通 HTML 页中加入 PHP 代码即可。

PHP 最初在 1994 年由拉斯马斯·勒德尔夫（Rasmus Lerdorf）进行开发。用户用到的第 1 个版本是在 1995 年发布的 Personal Home Page Tools（PHP Tools）。在这个早期的 PHP 版本中只提供了对访客留言本、访客计数器等简单功能的支持。1995 年中期又发布了 PHP 的第 2 个版本，定名为 PHP/FI（Form Interpreter）。到 1996 年时 PHP/FI 2.0 已经应用于分布在世界各地的 15000 个网站上了。

1997 年，PHP 的第 3 版定名为 PHP 3。这个版本的 PHP 具有以下特点：与 Apache 服务器紧密结合；加入了更多的新功能；支持几乎所有主流与非主流的数据库；更高的执行效率等。PHP 3 的这些特性，使其得到了广泛的应用。

2000 年 5 月，PHP 4 正式发布了。它使用了 Zend（Zeev+Andi）引擎，提供了更高的性能，还包含了其他一些关键功能，如支持更多的 Web 服务器、HTTP Sessions 支持、输出缓存（Output Buffering）等。PHP 4 是更有效的、更可靠的动态 Web 页开发工具。在大多数情况下 PHP 4 的运行比 PHP 3 快，其脚本描述更强大，并且更复杂，最显著的特征是速率比的增加。

2004 年 7 月，PHP 5 问世。无论对于 PHP 语言本身，还是对于 PHP 的用户来讲，PHP 5 都算得上是一个里程碑式的版本。PHP 5 的诞生，使 PHP 编程进入了一个新时代。Zend II 引擎的采用、完备的对象模型、改进的语法设计，终于使得 PHP 成为一个设计完备、真正具有面向对象能力的脚本语言。

7. Ruby 语言

Ruby 语言的发明人是日本的松本行弘（Matsumoto Yukihiro）。1995 年推出了 Ruby 的第一个版本 Ruby 0.95。Ruby 是一种功能强大的面向对象的脚本语言，使用它可以方便快捷地进行面向对象程序设计。

Ruby 有以下优点：Rub 是解释型语言，其程序无须编译即可执行。语法比较简单，类似 Algol 系语法。Ruby 从一开始就被设计成纯粹的面向对象语言，因此所有东西都是对象，例如整数等基本数据类型。Ruby 支持功能强大的字符串操作和正则表达式检索功能，可以方便地对字符串进行处理。具有垃圾回收（Garbage Collection，GC）功能，能自动回收不再使用的对象。不需要用户对内存进行管理。Ruby 支持多种平台，在 Windows、UNIX、Linux、macOS 上都可以运行。Ruby 程序的可移植性非常好，绝大多数程序可以不加修改地在各种平台上加以运行。Ruby 提供了一整套异常处理机制，可以方便地处理代码、处理出错的情况。Ruby 拥有很多高级特性，如操作符重载、Mix-ins、特殊方法等，使用这些特性可以方便地完成各种强大的功能。

8. SQL

SQL（发音为字母 S-Q-L 或 sequel）是结构化查询语言（Structured Query Language）的缩写。SQL 是一种专门用来与数据库沟通的语言，在 20 世纪 80 年代中期，美国国家标准组织开始制定 SQL 语言的第一个标准，并于 1986 年发布。其后不断对其进行改进，并在 1989 年、1992 年、1999 年、2003 年和 2006 年发布了一系列 SQL 标准的新版本。通过对语言核心的改良，新的特性被陆续加入 SQL 语言中，以吸收面向对象等功能。与其他语言（如英语或 Java、C、PHP 这样的编程语言）不一样的是，SQL 中只有很少的词。设计 SQL 的目的是为用户提供一种从数据库中读写数据的简单、有效的方法。

目前已有 100 多种遍布在从微机到大型机上的数据库产品 SQL，其中包括 DB2、SQL/DS、Ooracle、Ingres、Sybase、SQLServer、Access 等。SQL 语言基本上独立于数据库本身、使用的机器、网络、操作系统，SQL 的 DBMS 产品可以运行在个人机、工作站以及基于局域网、小型机和大型机的各种计算机系统上。SQL 有如下的优点：SQL 不是某个特定数据库供应商专有的语言；几乎所有重要的 DBMS 都支持 SQL；SQL 的语句全都由具有很强描述性的英语单词组成；SQL 是一种强有力的语言，灵活使用其语言元素可以进行非常复杂和高级的数据库操作。

# 4.4 程序设计的方法和步骤

程序设计就是将求解某个问题的算法，用计算机语言实现的过程。但是只了解算法和计算机语言就进行程序设计是不够的，因为这个实现过程并不是一蹴而就的，这个过程有相应的方法，也要遵循相应的步骤。我们在设计和编写程序时，要保证程序具有很高的正确性、可靠性、可读性、可理解性、可修改性和可维护性。要达到这一目的，必须采用科学的程序设计方法和步骤。因此了解程序设计的方法和步骤，是编写程序的基本前提。

## 4.4.1 程序设计的方法

编写程序的方法称为程序设计方法。如何从问题描述入手构造解决问题的算法，如何快速合理地设计出结构、风格良好的高效程序，这些涉及了多方面的理论和技术，从而形成了计算机科学的一个重要分支——程序设计方法学。

在计算机应用的初期，由于计算机硬件的技术水平所限，这个时期的程序设计几乎没有统一的风格，人们设计程序时全凭个人习惯。随着技术的进步，计算机硬件发展迅速，所能处理的问题的规模和范围逐渐变大，程序的可读性、可重用性、可维护性等问题不断被提出，程序设计的目标不再集中于如何发挥硬件的效率，而以设计出结构清晰、可读性强、易于维护为基本目标，这就促使程序设计的方法不断发展，从最先的面向计算机的程序设计到面向过程的程序设计，再发展到面向对象的程序设计和面向组件的程序设计，并且还在继续发展。

**1. 面向计算机的程序设计**

最早的编程语言是由计算机可以直接识别的二进制指令编写的机器语言。计算机之所以只认识“0”和“1”，是因为计算机是由成千上万的开关元件组成，这些开关元件都只有两种状态：开或关、电流的通或断状态，而这两种状态就是由数字 0 和 1 来表示的。机器语言虽然便于计算机识别，但对于人类来说却是晦涩难懂的。在这一阶段，人类的自然语言与计算机编程语言之间存在着巨大的鸿沟。这一时期的程序设计属于面向计算机的程序设计，设计人员关注的重心是程序尽可能地被计算机接受并按指令正确执行，至于程序能否让人理解并不重要。软件的开发人员只有少数的软件工程师，软件开发的难度大、周期长，而且开发的软件功能简单、界面也不太友好。计算机的应用仅限于科学计算。

随后出现的汇编语言将机器指令映射为一些能读懂的助记符。此时的汇编语言与人类的自然语言之间的鸿沟略有缩小，但仍然与人类的思想相差甚远。因为它的抽象层次太低，程序员需要考虑大量的机器细节。此时的程序设计很注重计算机的硬件系统，它仍属于面向计算机的程序设计。面向计算机的程序设计思想可归纳为注重机器，难以理解，维护困难，并且不具有可移植性。

2. 面向过程的程序设计

面向机器的语言通常情况下被认为是一种“低级语言”，为了解决面向机器的语言存在的问题，计算机科学的前辈们又创建了面向过程的语言。面向过程的语言被认为是一种“高级语言”，相比面向机器的语言来说，面向过程的语言已经不再关注机器本身的操作指令、存储等方面，而是关注如何一步步地解决具体的问题。在 20 世纪 60 年代末开始出现的结构化的程序设计便是面向过程的程序设计思想的集中体现。它对后来的程序设计方法的研究和发展产生了重大影响，直到今天它仍然是程序设计中采用的主要方法。结构化程序设计的概念最早由著名的计算机科学家 E. W. Dijkstra 提出，1965 年他在一次会议上指出：“可以从高级语言中取消 GOTO 语句”。1966 年，Bohm 和 Jacopini 证明了“只用三种基本的控制结构就能实现任意单入口和单出口的程序”。1972 年，IBM 公司的 Mills 进一步提出“程序应该只有一个入口和一个出口”。1971 年，IBM 公司在纽约时报信息库管理系统的设计中首次成功地使用了结构化程序设计技术。

结构化的程序设计主要包括：一是采用自顶向下和模块化方法；二是使用三种基本控制结构，即顺序结构、选择结构和循环结构。模块化是一个常用且有效的方法。如果一个大的程序仅有一个模块，那么程序的设计和编写难度就非常大，在设计和编写大型程序时，需要对其进行模块化分解，以降低程序的复杂性，提高程序的正确性、可靠性、可读性、可理解性、可修改性和可维护性。模块化是指从问题本身开始，把一个较大的程序划分为若干子程序，每一个子程序完成一个独立的功能，成为一个独立的模块，各个模块之间通过函数或者过程之间传递参数来实现。自顶向下是指先设计第一层（即顶层），把原始问题划分成若干个较小的子问题，然后步步深入、逐层细分，对不能直接解决的子问题再次进行划分，逐步求精，直到整个问题可用程序设计语言明确地描述出来为止。这些问题的解决模块可形成一个树状结构，各模块之间的关系尽可能简单，且功能相对独立，如图 4-18 所示。

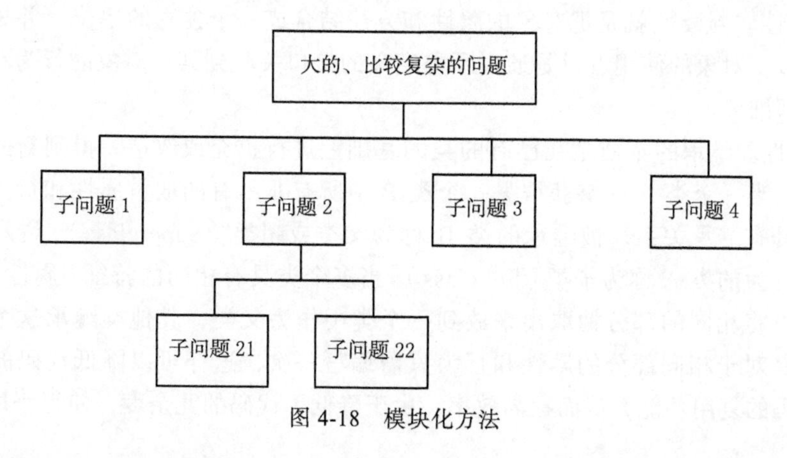


图 4-18　模块化方法

结构化程序设计可将一个较为复杂的问题分解为若干个子问题，各个子问题可分别交给不同的人来解决，从而提高了速度，并且便于程序的调试，有利于减少软件前期的开发周期和降低后期的维护难度。但并不是说模块数越多越好。实际上，当模块细化到一定程度后，由于模块数的增加，模块间接口的复杂度和代价将增大，所以模块数也不易过多。

**3. 面向对象的程序设计**

随着程序设计的复杂性增加，结构化程序设计方法又不够用了。因此面向对象的方法诞生了。面向对象的程序设计方法建立在结构化程序设计的基础上，最重要的改变是程序围绕被操作数据来设计，而不是围绕操作本身。“面向对象程序设计是对数据的封装；模块的程序设计是对算法的封装。”20 世纪 80 年代末以来，随着面向对象技术成为研究的热点出现了几十种支持软件开发的面向对象方法。如果说传统的面向过程的编程是符合机器运行指令的流程的话，那么面向对象的思维方法就是符合现实生活中人类解决问题的思维过程。比如在现实生活中，对于一件上衣，人们关心的是上衣的颜色、尺寸、样式和厚薄，以及上衣可以被穿、保暖，可以被清洗等。一般人都不会关心上衣究竟是怎样保暖的，又是怎样被洗干净的。面向对象程序设计思想也是这样的。面向对象程序设计（Object Oriented Programming，OOP）可以定义为把各类信息与施加于其上的信息的处理方法作为不可分割的整体进行程序设计的方法。

实践表明，任何现实的问题都是由一些基本的事物组成，这些事物之间存在着一定的联系，在使用计算机解决现实问题的过程中，为了有效地反映客观世界，最好建立相应的概念去直接表现问题领域中的事物与事物之间的相互联系，此外，还需要建立一套适应人们一般思维方式的描述模式。面向对象技术的基本原理是：对问题领域的基本事物进行自然分割，按人们通常的思维方式建立问题领域的模型，设计尽可能直接、自然表现问题求解的软件系统。为此，面向对象技术中引入了“对象”来表示事物；用消息传递建立事物间的联系；“类”和“继承”是适应人们一般思维方式的描述模型。在面向对象中，类和对象是最基本、最重要的组成单元。类实际上是表示一个客观世界某类群体的一些基本特征抽象，对象则表示一个个具体的东西，对象是以类模板创建的。所有的事物都可以看作是一个对象，是对象就具有一定的属性和功能，这些对象是可以建立起联系的，而且这些对象是由类来构造的。

（1）面向对象编程的 4 个特征

① 封装性。封装性就是把对象的属性和方法结合成一个独立的单位，并尽可能隐蔽对象的内部细节，对象的使用者只是通过预先定义的接口关联到某一对象的行为和数据，而无须知道其内部细节。

② 继承性。继承的本质是在已有的类的基础上进行扩充或改造，得到新的方法，以满足新的需要。当一个类 A 能够获取另一个类 B 中所有非私有的成员属性和行为时，就称这两个类之间具有继承关系。被继承的类 B 称为父类或超类（Superclass），继承了父类或超类的属性和行为的类 A 称为子类（Subclass）。当多个类具有相同的特征（属性）和行为（方法）时，可以将相同的部分抽取出来放到一个类中作为父类，其他类继承这个父类。使用继承的好处是对于相同部分的属性和行为只需编写一次，这样可以降低代码的冗余度，更好地实现代码的复用功能，从而提高效率。由于降低了代码的冗余度，使得程序的维护也变得方便起来。

③ 多态性。多态性一般是指在父类中定义的方法被子类继承后，可以表现出不同的行为。这使得同一个方法在父类及其各个子类中具有不同的语义。简单来说，就是“一种定义，

多种实现”，同一类事物可以表现出多种不同的形态。

④ 抽象。抽象是指从许多事物中，舍弃非本质的属性，抽取出共同的、本质的属性的过程。

（2）面向对象编程的优点

① 易于理解和维护。万事万物皆对象，所有的对象都被赋予了属性和方法，使得人们的编程与实际的世界更加接近，结果编程就更加富有人性化了。对象具有良好的封装性，无须知道内部的细节。

② 代码重用。提高了开发效率。类作为一个独立实体而存在，可以方便地提供给其他程序使用。

③ 可扩展性。由于继承、多态等特性，方便我们对原先的功能进行扩展和改造。这些特性为我们设计出高内聚、低耦合的系统结构提供了便捷。

### 4.4.2　程序设计的步骤

程序设计是一个复杂的智力活动过程，需要经历若干步骤才能完成。就像是装修房屋一样，并不是一进入待装修的房屋就会开始粉刷墙壁。在正式装修之前，必须有一个合理的设计。房主首先会考虑待装修的房屋的大小、结构、使用功能，然后给出一个设计方案，再根据设计方案购买原材料，最后才是召集施工人员进行装修。对于程序设计也是这样的，只是不同规模的程序设计其复杂程度不同，步骤也有差异，但一些基本的步骤是相同的。下面通过“求一元二次方程的根”的例子来看一下程序设计的一般过程。

**1. 分析问题**

程序将以数据处理的方式解决客观世界中的问题，因此在程序设计之初，首先应该将实际的问题描述出来，形成一个抽象的、具有一般性的问题，从而给出问题的抽象模型，明确题目的要求，列出所有已知量，找出题目的求解范围等。本例可以把问题分成 3 个部分：3 个系数的输入，数据的处理，以及最后根的输出。

**2. 设计算法，确定功能**

具体的解决方案确定后，还不能着手编程序，必须根据数据结构，对前一步得到的抽象模块进行描述，也就是算法描述。算法的初步描述可以采用自然语言的方式，然后逐步将其转化为程序流程图或其他的直观方式。一般在设计时要注意以下几点。

（1）算法的逻辑结构应尽可能简单。

（2）算法所要求的存储量应尽可能少。

（3）避免不必要的循环，减少算法的执行时间。

（4）在满足题目条件的要求下，使所需的计算量最小。本例的算法流程图如图 4-19 所示。

**3. 选择语言，编写程序**

选择某种适当的程序设计语言，根据上述算法描述，将已设计好的算法表达出来，使得非形式化的算法转变为形式化的由程序设计语言表达的算法，这个过程称为程序编码。把整个程序看作一个整体，先全局后局部，自顶向下，一层一层分解处理，如果某些子问题的算法相同而仅参数不同，可以用子程序来表示。本例选择使用 C 语言编写程序。

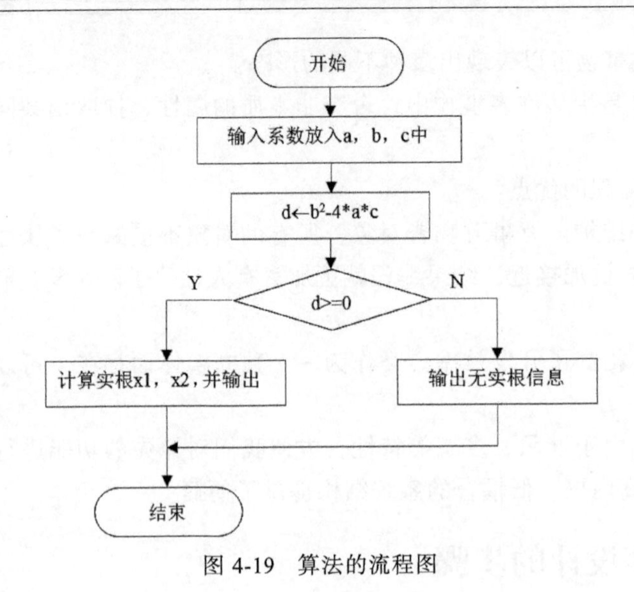


图 4-19　算法的流程图

```
#include "math.h"
main()
{
 float a, b, c, x1, x2, d;
 scanf("%f, %f, %f", &a, &b, &c);
 d=b*b-4*a*c;
 if(d>=0)
   {
    x1=(-b+sqrt(d))/2*a;
    x2=(-b-sqrt(d))/2*a;
    printf("x1=%f, x2=%f\n", x1, x2);
}
     else
        printf("no root.\n");
}
```

**4. 调试运行，分析结果**

程序编写完后，在该语言开发集成环境中进行输入、调试，以便找出语法错误和逻辑错误，然后才能正确运行。不同的程序虽然其运行环境差距很大，但调试纠错这一步都是必须的。程序都需要反复调试才能得到想要的结果。通过对程序的调试和对结果的分析，可以发现程序的错误或找出程序的不足，并加以改进。

**5. 整理资料，撰写文档**

这一步主要是对程序中的变量、函数或过程作必要的说明，解释编程思路，记录程序设计的算法实现以及修改的过程，画出框图，以及讨论运行结果等。对于一个小程序来说，有没有文档并不重要，但对于一个需要多人合作，并且开发周期较长，后期维护任务又较大的软件来说，文档就至关重要了。

对于一个规模不大的问题，程序设计的核心是算法设计和数据结构设计，只要成功地构造出解决问题的高效算法和数据结构，那么完成剩下的任务就不存在太大的问题。如果规模大、功能复杂，则有必要将问题分解成功能相对单一的小模块分别实现。这时，程序的组织结构和层次设计会越来越显示出重要性，程序设计方法也将发挥重要的作用。程序设计过程实际上是算法、数据结构以及程序设计方法学 3 个方面相互统一的过程。

# 习题 4

## 一、单项选择题

1. 现代程序设计的目标主要是（　　）。
   A. 追求程序运行速度快
   B. 追求程序行数少
   C. 既追求运行速度，又追求节省存储空间
   D. 追求结构清晰、可读性强、易于分工合作编写和调试
2. 计算机可以直接执行的程序是（　　）。
   A. 机器语言编写的程序　B. 汇编语言编写的程序
   C. 高级语言编写的程序　D. C 语言编写的程序
3. 算法流程图中用（　）符号代表判断关系。
   A. 矩形　B. 菱形　C. 平行四边形　D. 圆圈
4. 下列不是高级语言的是（　　）。
   A. 汇编语言　B. Java 语言　C. C 语言　D. SQL 语言
5. 机器语言的特点是（　　）。
   A. 可读性好　B. 运行效率高　C. 编程、维护容易　D. 可移植性好

## 二、多项选择题

1. 在进行程序设计时，必须完成的工作有（　　）。
   A. 掌握一门计算机编程语言　B. 确定问题的解决方案
   C. 确定数据结构　D. 设计解决问题的算法
   E. 设计一个数据库
2. 软件的组成包括（　）。
   A. 用户文档　B. 程序
   C. 支持模块　D. 数据模块
   E. 操作系统
3. 下列属于算法特征的是（　　）。
   A. 有穷性　B. 确定性
   C. 可执行性　D. 输入和输出
   E. 高效性
4. 程序设计的方法有（　　）。
   A. 面向计算机的程序设计　B. 面向过程的程序设计
   C. 面向对象的程序设计　D. 面向用户的程序设计
   E. 面向组件的程序设计
5. 下面属于计算机语言的有（　　）。
   A. C 语言　B. Java 语言

C. 汇编语言　　　　　　　　　　D. Python 语言

E. 机器语言

**三、判断题**

1. 程序就是软件。
2. 在一个算法里面的判断结构可以有两个以上的出口。
3. 一个正确的算法可以没有输出。
4. 算法就是为了解决某个问题而采取的方法或步骤。
5. 用高级语言编写的源程序可以在计算机上直接运行。

**四、填空题**

1. 程序是计算机为完成某一个任务所必须执行的______________。
2. 运行一个软件时，只要运行它的______________文件，即可使用该软件。
3. 评价算法的 4 个基本标准是______________、______________、______________和______________。
4. 程序设计的基本控制结构有______________、______________和______________。
5. 程序设计语言分为______________、______________和高级语言三类。
6. 机器语言是以______________表示的指令集合，是计算机能直接识别和执行的。

**五、简答题**

1. 什么是程序？什么是软件？两者的关系是什么？
2. 什么叫算法？描述算法有哪几种方法？
3. 结构化程序设计的 3 种基本结构是什么？
4. 简述机器语言、汇编语言、高级语言各有哪些特点。
5. 简述程序设计的步骤。
6. 根据各小题的要求，设计求解各问题的流程图。

（1）判断一个整数是否能被 3 和 5 整除。

（2）把输入的 3 个数按从大到小的顺序输出。

（3）输入 A、B、C 3 个数代表三角形的 3 条边，判断这 3 个数能否组成三角形，若能则计算其面积并输出，否则给出提示后输出。

（4）输入某人的身高（H，cm）和体重（W0，kg），按照下列方法判断体重情况并画出给出提示的流程图。

① 标准体重 W=(身高 H−110)kg。

② 体重 W0 超过标准体重 5kg，则过胖。

③ 体重 W0 低于标准体重 5kg，则过瘦。

④ 否则属于正常范畴。

（5）用流程图描述分段函数的计算方法。

$$y(x)=\begin{cases} 3x-\ln|x| & x<0 \\ x^3 & 0\leqslant x\leqslant 10 \\ 1 & x>10 \end{cases}$$

# 下篇
# 互联网相关知识

# 第 5 章 计算机网络

The fundamental problem of communication is that of reproducing at one point either exactly or approximately a message selected at another point. Frequently the messages have meaning.

——Claude Shannon，*A Mathematical Theory of Communication*

通信的基本问题是，在一点精确地或近似地复现在另一点所选取的信息。这些信息往往都带有意义。

——克劳德·香农《通信的数学理论》

学习目标

- 理解计算机网络的定义
- 掌握计算机网络的不同分类方式
- 理解计算机网络体系结构及组成方式
- 掌握 Internet 常用的相关技术
- 了解 Internet 的相关应用
- 了解计算机网络安全问题及防范手段

随着计算机技术的迅猛发展，计算机网络包含了数以亿计的、相互连接的计算机、通信线路和交换设备，也包括了数以亿计的手机、传感器、网络摄像机、游戏机，甚至家里的洗衣机、微波炉、冰箱、电视机等也可以是网络的一部分。本章将通过讲述计算机网络的概念、构成、体系结构，常见的一些网络应用及其背后所隐藏的原理，尽可能简单、生动、有趣地带领读者进入一个庞大、复杂、不可思议的计算机网络世界。

## 5.1 计算机网络概述

### 5.1.1 网络体验

计算机的出现给人类社会带来了巨大的变化，为人们创造了一种新的生活方式，而互联网的广泛应用，使得“地球村”成为了现实。

**1. 电子商务**

消费者借助网络，进入网络商务平台进行购物，如图 5-1 所示。网络上的商务平台是由服务商建立的虚拟数字化空间，它借助网页的方式展示商品和服务，并提供在线支付手段，消费者可以足不出户地通过网络购买物品、预订机票、预订宾馆。电子商务的兴起给人们的生活带来了巨大的便利。

图 5-1　网络购物

### 2. 网络游戏

游戏玩家通过互联网连接进行多人游戏的在线游戏方式，如图 5-2 所示。网络游戏是以互联网为传输媒介，以游戏运营商服务器和用户计算机为处理终端，以游戏客户端软件为信息交互窗口，旨在实现娱乐、休闲、交流和取得虚拟成就的个体性多人在线游戏。

图 5-2　网络游戏

### 3. 网络社交

用户借助服务商提供的应用程序、Web 应用等软件，在网络上加入感兴趣的相关群体，开展交友、沟通、讨论、分享等社交活动，如当前流行的微信、微博、QQ、论坛等就是典型的网络社交工具及平台，如图 5-3 所示。

网络的应用远不止上述所列内容，它影响着人们生活的方方面面，而且还在不断创新和发展，不断以自己的方式改变着整个世界。

图 5-3　网络社交工具

## 5.1.2　网络的定义及功能

### 1. 计算机网络的定义

计算机网络是指将地理位置不同的具有独立功能的多台计算机及其外部设备，通过通信线路连接起来，在网络操作系统、网络管理软件及网络通信协议的管理和协调下，实现资源共享和信息传递的系统。

计算机网络的定义可以从以下 4 个要素来理解。

（1）独立自主的计算机集合

计算机网络是离不开计算机的，这些计算机本身能独立工作，而且需要具有一定的数量规模才能组成网络。

（2）通过通信介质连接起来

地理位置分散的计算机如果不能相连，还是不能组成网络的，要实现计算机的协同工作，需要通过通信介质将它们连接在一起。

（3）遵守共同的标准

将计算机连接在一起后，如果没有统一的规则指导其行为，它们之间沟通和协作就会乱套，所以它们必须遵守一套相同的标准。

（4）组建网络的目的

做任何事情都有一定的目的，人们花费精力建设计算机网络必定是有所需求的。而人们组建网络的目的就是相互传递数据、交换信息、使用别人计算机上的资源。

### 2. 计算机网络的功能

计算机网络的主要功能是数据通信、资源共享、分布式处理、负载均衡。

（1）数据通信

数据通信是计算机网络最基本的功能，也是实现其他功能的基础。通信功能实现了服务器与工作站、工作站与工作站之间的数据传输，使得分散在不同地理位置、不同管理范围的计算机之间可以进行通信，互相传递数据，方便地进行信息交换。当前的很多网络应用就是通过网络数据传输功能实现的，如电子邮件、IP 电话、FTP 文件传输、视频会议等。

（2）资源共享

所谓的资源是指为用户服务的硬件、软件、数据等。资源共享是整个计算机网络的核心，建立计算机网络的主要目的是为了实现“资源共享”。资源共享主要包括硬件共享、软件共享和数据共享。网络中的用户可以部分或全部使用网络中的资源。

硬件共享：网络中的用户可以使用网络计算机的硬件设备，包括使用处理器、磁盘空间、打印机等，通过硬件共享，降低了重复购置，提高了设备利用率。

软件共享：用户可以使用远程主机上的软件，既可以将相应的软件调入本地计算机执行，又可以将数据提交至远程主机中执行，然后取回结果。软件共享，可以避免软件的重复开发和购置。

数据共享：网络用户既可以使用其他计算机中的数据信息，也可以将分散在各计算机中的数据信息收集起来，进行综合分析处理，并将处理结果反馈给相关的计算机，使得数据信息得到充分的利用。

（3）分布式处理

分布式处理是计算机网络提供的基本功能之一，通过网络，许多大型的信息处理难题可以借助于网络中的计算机群协同完成，解决单机无法完成的海量信息处理任务。

在具有分布式处理能力的计算机网络中，可以将同一任务分配到多台计算机上同时进行处理。对于复杂的、综合性的大型任务，可以采用合适的并行算法，将任务分散到网络中不同的计算机上执行，由网络来完成对多台计算机的协同工作，从而构成一个高性能的计算机体系，这种协同工作、并行处理要比单独购置高性能的大型计算机便宜很多。

（4）负载均衡

网络中的计算机可以互为备份，在工作过程中，一台计算机出现故障，则可以使用网络中的另一台计算机。当网络中的某些计算机负荷过重时，网络可以分配任务给较空闲的计算机去完成。网络中一条通信线路出现故障，可以切换到另一条线路，从而提高了可靠性。

## 5.1.3　网络的分类

为了更好地理解、管理计算机网络，通常将其划分为不同的类型。根据不同的研究角度，计算机网络有多种分类方式，下面介绍常用的分类方式。

### 1．按覆盖范围分类

按照覆盖的地理范围进行分类，计算机网络可以分为局域网、城域网和广域网三类。

（1）局域网

局域网（Local Area Network，LAN）是限定在一定范围内的网络。一般覆盖范围在 10km 之内，由互连的计算机、打印机、网络连接设备和其他短距离间的共享设备组成。局域网通常用于相邻建筑物内，或者是一个园区内的网络，一般由私人组织拥有和管理，如图 5-4 所示。学校、公司、网吧、家庭中布设的网络都属于局域网类型。

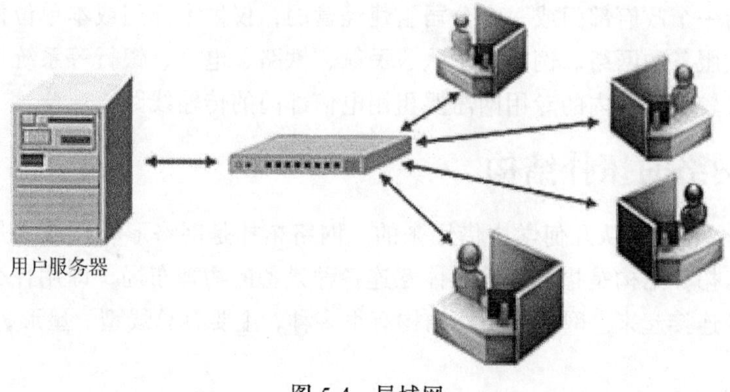


图 5-4　局域网

（2）城域网

城域网（Metropolitan Area Network，MAN）是作用范围在广域网与局域网之间的网络，其网络覆盖范围通常可以延伸到整个城市，借助传输介质将多个局域网连通公用城市网络形成大型网络，不仅使局域网内的资源可以共享，局域网之间的资源也可以共享。MAN 的覆盖范围能扩大到 50km。为我们提供网络接入服务的互联网服务提供商（Internet Service Provider，ISP）管理的位于一个地区的网络部分属于城域网类型。

（3）广域网

广域网（Wide Area Nerwork，WAN）的作用范围通常为几十千米到几千千米，覆盖范围可以跨越城市、国家，甚至是多个国家乃至整个地球。在广域网内，用于通信的传输装置与介质一般是由电信部门或服务提供商提供，主要提供面向通信的服务。

广域网是由多个局域网、城域网连接在一起形成的，如图 5-5 所示，最常见的广域网就是我们常用的 Internet。

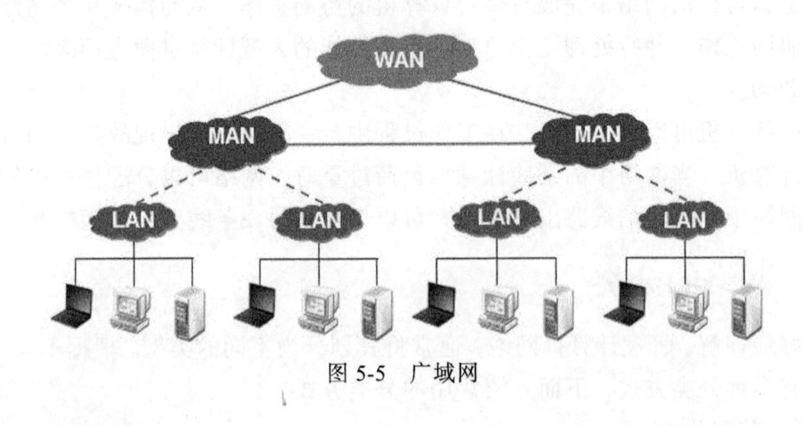


图 5-5　广域网

### 2. 按使用范围分类

按网络的使用范围进行划分，可以分为公用网和专用网两种类型。

（1）公用网

公用网也称为公众网或公共网，是指为公众提供公共网络服务的网络。公用网一般由国家的电信公司出资建造，并由国家电信部门进行管理和控制，网络内的传输和转接装置可提供给任何部门和单位使用（需交纳相应费用）。公用网属于国家基础设施。

（2）专用网

专用网是指一个政府部门或一个公司组建经营的，仅供本部门或本单位使用，不向本单位以外的人提供服务的网络。例如，军队、民航、铁路、电力、银行等系统均有其系统内部的专用网。一般较大范围内的专用网需要租用电信部门的传输线路。

## 5.1.4　网络的拓扑结构

“拓扑”这个名词是从几何学中借用来的。网络拓扑是网络形状，或者是网络在物理上的连通性。网络拓扑结构是指用传输媒体互连各种设备的物理布局，即用什么方式把网络中的计算机等设备连接起来。网络的拓扑结构有很多种，主要有总线型、星形、环形、树形等，如图 5-6 所示。

1. 总线型拓扑

总线型结构是指所有入网设备共用一条物理传输线路，所有主机都通过相应的硬件接口连接在一根传输线路上，这根传输线路被称为总线，如图 5-6（a）所示。总线网络上的数据以电子信号的形式发送给网络上的所有计算机，但只有计算机地址与信号中的目的地址相匹配的计算机才能接收到。由于所有节点共用同一条公共通道，所以在同一时刻只能准许一个节点发送数据。

总线型结构的优点是：结构简单灵活，可扩充性好；有较高的可靠性，局部节点故障不会造成全网瘫痪；易安装，费用低。缺点是：故障诊断和隔离较困难，故障检测需要逐个节点进行；总线的长度有限制，信号随传输距离的增加而衰减；不具备实时功能，信息发送容易产生冲突。

2. 星形拓扑

星形结构中的各节点通过点到点的方式连接到一个中央节点（又称中央转接站，一般是集线器或交换机）上，由该中央节点向目的节点传送信息，如图 5-6（b）所示。中央节点执行集中式通信控制策略，因此中央节点相当复杂，其负担也比其他节点重得多。在星形网中，任何两个节点要进行通信都必须经过中央节点控制。

星形结构的优点是：结构简单，易于扩展和维护；故障诊断和隔离容易。缺点是：通信线路专用，电缆长度和安装工作量大；中心节点负担重，容易形成“瓶颈”，中心节点故障会造成全网瘫痪。

3. 环形拓扑

环形结构由网络中若干节点通过环接口连在一条首尾相连形成的闭合环的通信链路上，如图 5-6（c）所示。这种结构使用公共传输电缆组成一个封闭的环，信息沿着环按一定方向从一个节点传送到另一个节点，当信息流中的目的地址与环上的某个节点地址相符时，信息被该节点接收，然后根据不同的控制方法决定信息是否继续传送到下一节点，如果继续传送，信息最终将流回到发送节点。

环形拓扑结构的优点是：由于中继设备会对信号进行再生，所以数据传输质量高，适合远距离传输；当网络确定时，数据传输延时固定，实时性较强。缺点是：节点故障会引起全网瘫痪，可靠性不高；节点加入和撤出复杂，可扩展性差；维护困难，对节点故障定位较难。

4. 树形拓扑

树形拓扑实际上是星形拓扑的发展和补充，它为分层结构，具有根节点和各分支节点，如图 5-6（d）所示。除了叶节点外，根节点和分支节点都具有转发功能，其结构比星形结构复杂，数据在传输的过程中需要经过多条链路，时延较大。任何一个节点送出的信息都可以传遍整个传输介质，也属于广播式网络。它适用于分级管理和控制系统，是一种广域网常用的拓扑结构。

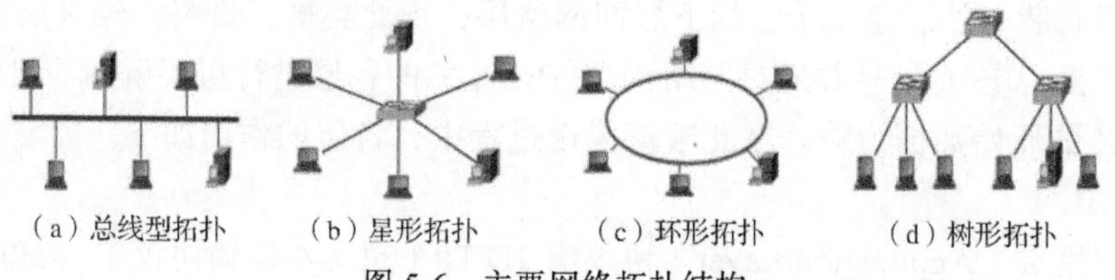

（a）总线型拓扑　（b）星形拓扑　（c）环形拓扑　（d）树形拓扑

图 5-6　主要网络拓扑结构

树形拓扑结构的优点是：易于扩展；故障容易隔离。缺点是：如果根节点故障将会引起全网瘫痪；结构较复杂，传输需经过多条链路，时延较大。

# 5.2 计算机网络体系结构及组成

计算机网络由多个互连的节点组成，节点之间要不断地交换数据和控制信息。要想做到有条不紊地交换数据，每个节点就必须遵守一整套合理且严谨的结构化管理体系。计算机网络就是按照高度结构化设计方法采用功能分层原理来实现的。

从计算机网络的实际构成来看，网络主要由网络硬件和网络软件两部分组成。网络硬件负责数据处理和转发，包括计算机系统、通信设备和通信线路；网络软件负责控制数据通信和网络应用，包括网络协议和网络软件。

## 5.2.1 网络的体系结构

对于一个复杂的系统，我们普遍的做法是将其分解（即模块化、简单化），这样才利于我们开发、构建、维护、研究及学习它，对于计算机网络这样一个庞大而复杂的系统也不能例外。对网络的模块化称之为分层（Layering），网络可分为图 5-7 所示的 5 个层（Layer），即应用层、传输层、网络层、数据链路层和物理层，并且每一层都有自己的协议来规定该做些什么。上述的这 5 层及各层上的协议就构成了网络的体系结构。

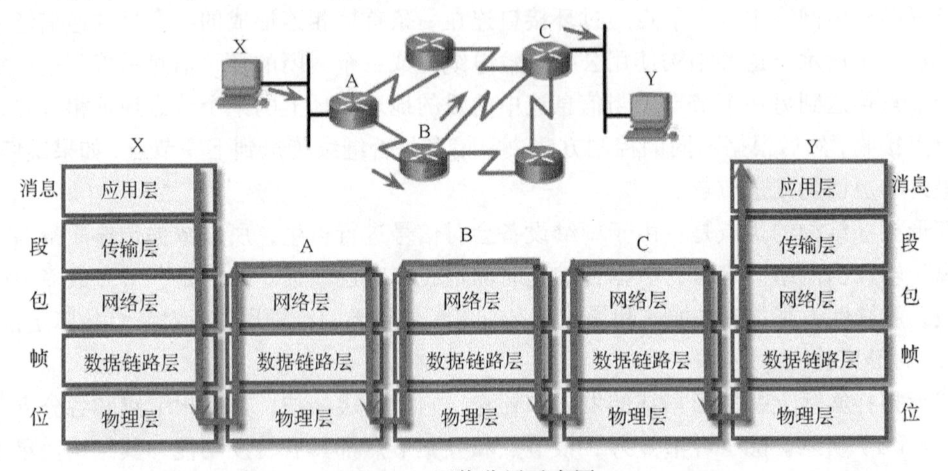


图 5-7　网络分层示意图

现在假设 X 用户有数据要传给 Y 用户，那么 X 会把数据递交给其应用层，应用层将数据按照应用层的协议进行封装后递交给传输层，传输层又按照传输层的协议将应用层递交下来的数据进行封装，然后递交给它的下层即网络层，依此类推，最终，经过层层封装的数据将在物理层转换为电/光信号并通过网络到达 Y；而 Y 的各层进行层层解封、层层上传，直到 Y 用户收到 X 的原始数据为止。在此数据传送过程中，各层的作用如下。

**1．应用层**

常见的应用层（Application Layer）协议有 HTTP（超文本传输协议）、SMTP（简单邮件传输协议，用于发送邮件)、POP3（邮局协议第 3 版，用于邮件接收)、FTP（文件传输协议，用于文件的收发）等。

发送方应用层按照它和接收方选择的某应用层协议将用户的原始数据封装成消息（Message)，然后让其下层即传输层通过网络传输到接收方，而接收方的应用层则按照相应的协议将原始数据从消息中取出，因为它知道该消息是如何封装的。

国际标准化组织（ISO）定义的网络模型中有表示层和会话层，其中，表示层主要用来保证信息的语法和语义不变（如乱码问题)，会话层主要用来管理两个进程之间的会话（如断点续传问题)。但由于这两层功能不多，在网络中它们被融合到了应用层中。

**2. 传输层**

发送方传输层（Transport Layer）将其上层即应用层递交给它的消息封装为段（Segment)，然后递交给其下层即网络层传输到接收方。网络的传输层有两个协议，一个是传输控制协议（Transmission Control Protocol，TCP)，一个是用户数据报协议（User Datagram Protocol，UDP)。两者最大的区别是 TCP 是可靠的协议，具有流量控制和拥塞控制功能；而 UDP 是不可靠的、非常简单的协议，没有流量控制和拥塞控制功能。

**3. 网络层**

发送方网络层（Network Layer）将传输层递交给它的段封装成包（Packet)，然后递交给其下层即数据链路层传输到接收方。封装成包是按照网络层的一个著名的 IP 协议（Internet 协议）的规定进行的。除此之外，网络层还负责处理每个网络设备都分配到的一个全球唯一的地址（称为 IP 地址)，并且通过 IP 地址为包在网络中找到一条合适的路由。

**4. 数据链路层**

在图 5-7 中可以看到，一条完整的网络路径是由一段段小的路径构成的，这些一段段的网络路径我们称之为数据链路。数据链路的两端可以是终端设备或包交换机，我们称这些设备为节点（Node)。数据链路层（Data Link Layer）将为链路两端的节点提供数据链路连接的建立、维持和释放等功能，也在传输过程中进行流量控制和差错检测等。数据链路层中的协议有 Ethernet 协议（也可称为 IEEE 802.3)、Wi-Fi（无线保真协议，也可称为 IEEE 802.11）和 PPP（点到点协议）等。

**5. 物理层**

节点的物理层（Physical Layer）对其上层即数据链路层递交下来的帧进行编码（即怎样表示 0 和 1)，然后转换为相应的物理信号按比特以一定的速度发送并传播到下一个节点。

网络体系结构就是由应用层、传输层、网络层、数据链路层和物理层及其各层的协议构成。每层都只为其上层服务同时接受其下层的服务，每层都有各自的功能，每层是如何完成其功能的与其他层无关。采用这种分层的体系结构，降低了网络的复杂性，使其结构清晰、功能明确、实现透明、易于维护。

## 5.2.2　网络硬件组成

网络硬件主要包括服务器、工作站、网络设备及传输介质等。

**1. 服务器**

在网络中提供服务资源并承担服务作用的计算机称为服务器。根据所提供服务的不同，可以把服务器分为文件服务器、打印服务器、应用服务器等。

文件服务器是一台对中央存储和数据文件管理负责的计算机，同一网络中的其他计算机可以访问这些文件。

打印服务器负责处理网络用户的打印请求，将打印机和运行打印服务程序的计算机相连接，并且共享该打印机资源后，这台计算机就成为了打印服务器，就可以为其他计算机提供打印服务。

应用服务器是运行“客户机/服务器”模式应用程序中服务器端软件的计算机，它存储了大量的信息，并提供访问通道以供客户端程序使用，比如邮件服务器、交易服务器、认证服务器等就是针对不同应用场景的应用服务器。

**2. 工作站**

工作站实际上就是一台接入网络的计算机，是用户直接使用的网络窗口。用户可在工作站上向服务器发出指令、向服务器传送数据或申请服务。工作站一般不用来管理共享资源，但必要时也可以将工作站的外部设备设置为网络共享资料，从而具备了某些服务器的功能。

**3. 网络设备**

网络设备是连接网络的一些部件，主要的设备有交换机、路由器等。它们在网络中起到信号的接收、发送、中转、放大，以及数据的寻路、转换等作用。下面介绍几种最为常用的网络设备。

（1）集线器

集线器（Hub，Hub 是中心的意思）的主要功能是对接收到的信号进行再生整形放大，以扩大网络的传输距离，同时把所有节点集中在以它为中心的节点上。它工作于网络体系结构的第一层，即物理层。

集线器通常有多个端口，如图 5-8 所示，用于连接计算机和服务器之间的外围设备，每一个端口均支持一个来自网络节点的连接。当一个网络数据包从某节点发送到集线器上时，它就被复制到了集线器的其余端口，与该集线器相连的其余网络节点都能接受到该数据包。集线器是共享式设备，连接在集线器上的所有节点共享集线器的带宽，例如，如果使用集线器构建 100Base-T 网络，则网络中的全部计算机将共享 10Mbit/s 的带宽。

通常，集线器是用于组建共享式局域网络的核心设备，如 10Base-T、100Base-T 等以太网络，具有简单、灵活，组网经济的特点，如图 5-9 所示。但因为集线器工作在物理层，只能简单地放大并传输信号，所以仅能互连同类型的局域网络，用它连接起来的网络在物理和逻辑上都是同一网络，仅仅只是扩大了覆盖范围而已。

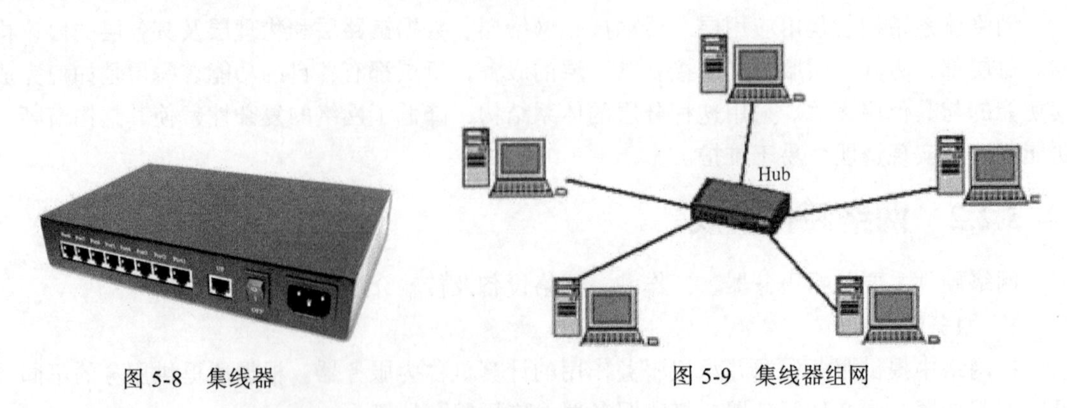


图 5-8 集线器

图 5-9 集线器组网

（2）交换机

交换机（Switch）是当前组建局域网使用较多的网络设备之一，它使得计算机能够以独享带宽的方式进行相互间的高速通信。交换机工作在 OSI 参考模型的第 2 层，即数据链路层，其主要功能包括物理编址、网络拓扑结构、错误校验、帧序列以及流控，当前交换机还具备了一些新的功能，如对 VLAN（虚拟局域网）的支持、对链路汇聚的支持等。图 5-10 所示就是一台局域网交换机。

图 5-10　交换机

交换机和集线器在外形上非常相似，但是它们之间有着本质的区别：集线器采用共享带宽方式，而交换机为独享带宽方式。集线器只是简单地将数据包复制后送往所有端口，因此数据包充斥其连通的网络，而且同时仅有一组数据交换的信号。如果整个网络内部数据传输负载大，那么将造成整个区域内的带宽被各种数据包所占据，容易发生冲突，导致网络传输速率的明显降低，这是集线器共享方式的最大不足。

交换机的工作原理是：其内部有一条高带宽的背部总线和内部交换矩阵，交换机的所有端口都挂接在这条背部总线上，而且交换机内存中还有一张记录物理地址与端口对应关系的地址表。当控制电路从某一端口收到一个数据帧后，会立即在其内存的地址表中进行查找，以确定拥有该目的地址的网卡连接在交换机的哪一个端口上，然后将该数据帧转发至该端口。如果在地址表中没有找到该地址，即该地址是首次出现，则将数据帧广播到所有端口，拥有该地址的网卡在接收到该广播后将会立即做出应答，交换机则会将该地址及对应的端口添加到地址表中。

当交换机刚启动时，其地址表为空白，在运行过程中会自动地根据接收到的数据帧中的物理地址更新地址表，所以交换机使用时间越长，地址表中存储的地址就越多，因而广播次数就越少，转发速度就越快。当然因为交换机内存有限的缘故，地址表中能够记录的地址数量也是有限的，交换机有忘却机制，即当某个地址的数据帧在一定时间间隔内都没有出现时，交换机会将该地址从地址表中清除，当下一次该地址的数据帧又出现时，交换机会将其作为新的地址，重新放入地址表中。

（3）路由器

路由器（Router）是工作在网络层上的一种存储转发设备，用于连接多个独立的相同或异构类型的网络。路由器拥有多个不同类型的接口，可分别连接到局域网、广域网或另一台路由器上，路由器的外形如图 5-11 所示。

图 5-11　路由器

路由器的主要功能是路径选择，即为收到的数据帧选择到达下一个节点的最佳传输路径，其工作原理结合图 5-12 说明如下。

① 工作站 A 将工作站 B 的地址 10.1.0.0 连同数据信息以数据帧的形式发送给路由器 R1。

② 路由器 R1 收到工作站 A 的数据帧后，先从包头中取出地址 10.1.0.0，并根据路由表计算通往工作站 B 的最佳路径：R1→R2→R3→B，并将数据帧发往路由器 R2。

③ 路由器 R2 重复路由器 R1 的工作，并将数据帧转发给路由器 R3。

④ 路由器 R3 取出目的地址，发现 10.1.0.0 就在该路由器所连接的网段上，于是将该数据帧直接交给工作站 B。

⑤ 工作站 B 收到工作站 A 的数据帧，至此，一次通信过程宣告结束。

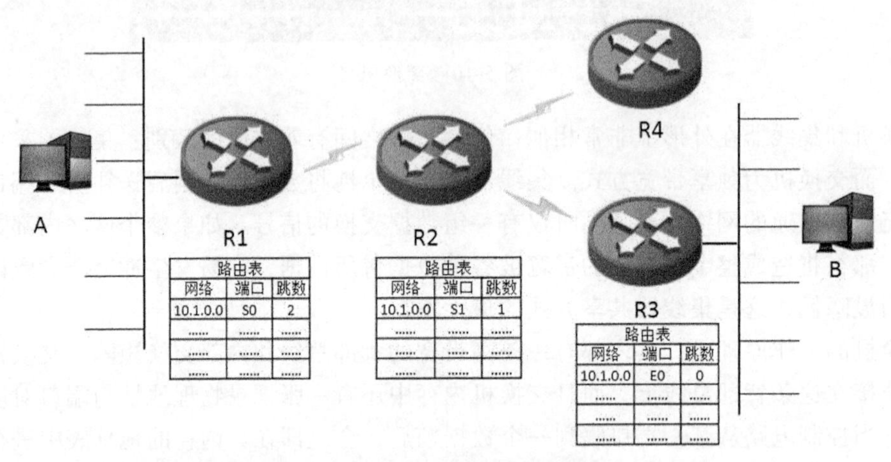


图 5-12　路由器原理示意图

事实上，路由器除了路由选择这一主要功能外，还具有协议转换、分段和组装、流量控制、子网隔离等功能。

4．传输介质

网络传输介质是网络中发送方与接收方之间的物理通路，它对网络的数据通信具有一定的影响。常用的传输介质有双绞线、同轴电缆、光纤等有线传输介质，以及无线传输介质。

（1）双绞线

双绞线（Twisted Pair，TP）是综合布线工程中最常用的传输介质之一，由两根相互绝缘并按一定密度互相绞在一起的铜线组成。每一根导线在传输中辐射出来的电波会被另一根线上的电波抵消，可有效降低信号干扰的程度。实际使用时，一般由多对双绞线一起包在一个绝缘电缆套管里，如图 5-13 所示。双绞线可以支持 100Mbit/s 或者更高速率的网络通信，通常的布线长度在 100m 以内。

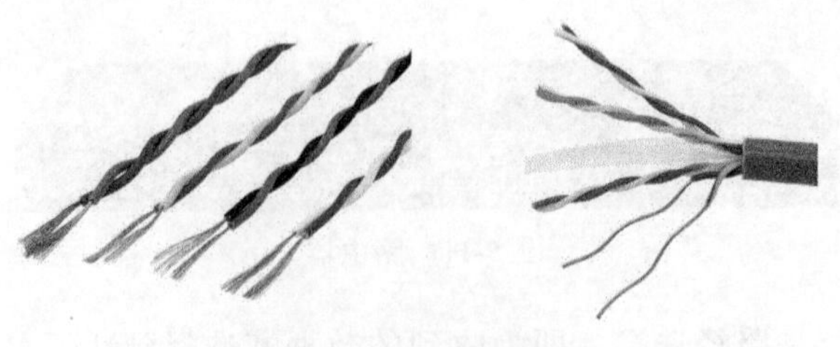

图 5-13　双绞线

双绞线分为非屏蔽双绞线（UTP）和屏蔽双绞线（STP）。非屏蔽双绞线（即我们平时使用的网线）价格便宜，但抗干扰能力较差、传输速率偏低。电器工业协会为非屏蔽双绞线定义了 6 类不同的质量等级，分别是一类、二类、三类、四类、五类（超五类）、六类。目前使用最多的是五类（超五类），主要用于 100Mbit/s 以太网，支持 100Mbit/s 的数据传输速率。屏蔽双绞线有金属丝屏蔽层，抗干扰能力较好，具有更高的传输速率，但价格比非屏蔽双绞线高。

（2）同轴电缆

同轴电缆以单根铜导线为内芯，外裹一层绝缘材料，再外覆金属屏蔽层，最外面是一层保护套，如图 5-14 所示。金属屏蔽层能将磁场反射回中心导线，同时也使中心导线免受外界干扰，故同轴电缆比双绞线具有更高的带宽和更好的噪声抑制特性。同轴电缆可用于点对点连接或多点连接，地理覆盖范围中等，价格比双绞线稍贵。同轴电缆常用于传输多路电话和电视信号，也是局域网中最常见的传输介质之一，但目前已使用较少。

图 5-14 同轴电缆

（3）光纤

光纤的中心为一根玻璃或透明塑料制成的光导纤维，周围包裹保护材料，如图 5-15 所示。光缆由多根光纤组成。光纤以光脉冲的形式传输信号，具有频带宽、电磁干扰小、传输距离远、损耗低、重量轻、抗干扰能力强、保真度高、性能可靠等优点。随着技术的进步，光纤的成本也在逐步下降。

图 5-15 光纤

光纤可分为单模光纤和多模光纤。单模光纤以激光为光源，仅有一条光通路，传输距离长，一般为 20～120km；多模光纤以二极管发光为光源，传输距离短，一般在 2km 以内。

（4）无线传输介质

前面介绍的 3 种传输介质属于有线传输，而无线传输利用电磁波在自由空间的传输进行通信，突破了有线介质的限制，常用于电缆铺设不便的场景，最常用的无线传输介质有：无线电波、红外线和激光。

无线电波是指在自由空间（包括空气和真空）传播的电磁波，它有两种传播方式：一是电波沿着地表面向四周直接传播；二是靠大气层中的电离层折射进行传播。信息调制后可加载在无线电波上，传输电报、电话和广播信号等。

红外和激光通信要把传输的信号分别转换为红外光信号和激光信号进行传输，且信号都是全数字的。红外光信号和激光信号有很强的方向性，都是沿直线传播的。红外线信道有一定的带宽，当数据传输速率为 100kbit/s 时，通信距离可大于 16km；当传输速率为 1.5Mbit/s 时，通信距离下降为 1.6km。红外通信很难被窃听、插入和干扰，但易受雨、雾和障碍物等的影响，所以传输距离有限。激光通信必须配置一对激光收发器，而且要安装在视线范围内。激光难以被窃听和干扰，但同样易受环境影响，传输距离有限。

### 5.2.3 网络软件组成

在网络中进行节点间通信、资源共享、文件管理、访问控制等，都是由网络软件来实现的。网络软件主要包括网络操作系统、网络协议、网络实用软件。

**1. 网络操作系统**

网络操作系统运行在服务器上，是使网络中的计算机能方便而有效地共享网络资源，向网络用户提供各种服务软件和有关规程的集合。网络操作系统负责处理工作站的请求，控制网络用户可用的服务程序和设备，维持网络的正常运行。当前网络操作系统主要有三大系列：UNIX、Linux、Windows。UNIX 是一种针对小型机环境的分时多用户操作系统。Linux 是开放源代码的网络操作系统，有中文版本，如 RedHat（红帽子）、红旗 Linux 等，其主要特点是稳定、安全，目前应用较为普遍。Windows 服务器的操作系统界面及操作方式与 Windows 个人操作系统类似，对服务器硬件要求不高，但稳定性不高，常用于一些低端服务器中。

**2. 网络协议**

网络协议是指网络通信双方共同遵循的控制两实体间数据交换的规则的集合。协议是按网络所采用的层次模型（如 ISO 网络体系架构参考模型）组织而成，除物理层外，其余各层协议大都由软件实现，每层协议软件通常由一个或多个进程组成，其主要任务是完成相应层协议所规定的功能，以及与上、下层的接口功能。在计算机网络中的各节点都需要运行其共同遵循的网络协议软件，才能实现节点间的正常通信，数据交换、资源共享的目的才能得以达成。

**3. 网络实用软件**

根据网络的组建目的和业务的发展情况，研制、开发或购置应用系统。其任务是实现网络总体规划所规定的各项业务，提供网络服务和资源共享。网络应用系统有通用和专用之分。通用网络应用系统适用于较广泛的领域和行业，如数据收集系统、数据转发系统和数据库查询系统等。专用网络应用系统只适用于特定的行业和领域，如银行核算、铁路控制、军事指挥等。

## 5.3 Internet 技术及其应用

Internet（因特网）又称网间网，它是利用通信设备和通信线路将位于全球不同地理位置的、功能相对独立的、数以亿计的终端设备互连起来，并通过功能完善的网络软件（网络通信协议、网络操作系统、网络应用系统等）来实现资源共享和信息交换等功能的一个复杂的人工系统。

本节首先介绍 Internet 的基本概念和其发展历史，然后讲解 Internet 中用到的基础技术，最后讲述当前使用最为广泛的 Internet 应用。

## 5.3.1　Internet 概述

### 1. Internet 的概念

Internet 是世界上最大的计算机网络，是由众多计算机网络汇合而成的一个网络集合体。它把全世界各种各样的计算机网络和系统连接起来，无论是局域网还是广域网，不管在什么地方，只要遵循 TCP/IP 就可以接入 Internet。

然而，Internet 不光是网络的集合，它的魅力在于其提供的资源和交流环境。Internet 包含了海量的信息资源，它向全世界提供信息服务，成为人们获取信息、相互交流的一种便捷手段。通过 Internet，人们可以发送和接收邮件；可以与其他人联系并发送信息；可以在网络上发布公告，宣传自己的观点；可以参与各种论坛进行讨论；可以享用大量的信息资料和软件资源。

### 2. Internet 的发展

1969 年，为了能在爆发战争时仍能保障通信联络，美国国防部高级研究计划署（Advanced Research Projects Agency，ARPA）资助建立了世界上第一个包交换试验网 ARPANET，当时它连接了美国 4 所大学。ARPANET 的建成和不断发展标志着计算机网络发展的新纪元，通常，ARPANET 就被认为是 Internet 的起源。

20 世纪 70 年代末到 80 年代初，计算机网络蓬勃发展，各种各样的计算机网络应运而生，如 MILNET（美国军用网络，最初连接 ARPANET，后来分开）、BITNET（最初连接世界教育单位的网络）、CSNET（计算机科学网）等，随着一系列网络的出现，引发了不同网络之间互连的需求，1980 年，温顿·瑟夫（Vint Cerf）和鲍勃·卡恩（Bob Kahn）成功开发出了现在仍广泛使用的 TCP/IP 协议。ARPANET 于 1982 年开始采用 TCP/IP 协议，这极大地规范和统一了 Internet 上的协议。

由于看到 ARPANET 取得的极大成功，1986 年美国国家科学基金会（National Science Foundation，NSF）资助建成了基于 TCP/IP 技术的 NSFNET，它在连接美国的若干超级计算中心、主要大学和研究机构的同时也与 ARPANET 建立了连接。由于 NSFNET 彻底对公众开放，而不像以前那样仅供计算机研究人员、政府职员和政府承包商使用，它后来取代了 ARPANET 而成为主干网。与此同时，世界各地也迅速建立了网络并相互连接，真正意义上的 Internet 诞生了！

20 世纪 90 年代，随着蒂姆·伯纳斯·李（Tim Berners-Lee）提出了万维网（World Wide Web，WWW）的设想和他随后开发的全球第一个浏览器的出现，互联网的发展和应用出现了新的飞跃。而 1995 年，NSFNET 转入商业化运作使得众多的商业公司为了利益纷纷投入巨资对其进行研究和开发，这可以认为是 Internet 的第二次飞跃。

自 1996 年起，Internet 开始迅猛发展。据统计，2018 年，全球互联网用户为 40.21 亿，社交网站 Facebook 已经拥有 21.7 亿用户，而且这些指标还在继续呈指数增长趋势。

3. Internet 在中国

Internet 在中国的发展历程大致可以划分为三个阶段：第一阶段为 1986—1993 年，是研究试验阶段，这个阶段 Internet 仅为少数高等院校、研究机构提供电子邮件服务；第二阶段为 1994—1996 年，是起步阶段，随着 1994 年 4 月中关村地区教育与科研示范网络接入 Internet，实现和 Internet 的 TCP/IP 连接，从而开通了 Internet 全功能服务，从此中国被国际上正式承认为有互联网的国家；第三阶段为 1997 年至今，是快速增长阶段，这一阶段我国的几大 Internet 骨干网相继建立并快速发展壮大起来，如中国电信、中国联通、中国移动、中国科技网、中国教育和科研计算机网、中国国际经济贸易网等。截至 2018 年 6 月，根据 CNNIC 数据，我国网民规模达 8.02 亿人，国际出口带宽达到 8826302Mbit/s，约合 8.42Tbit/s。

Internet 发展到现在也不过几十年的时间，至今还没有什么东西能像 Internet 那样影响着全球。而 Internet 未来究竟又会如何发展，这是一个谁也说不清的问题。不过可以预见的是，全球现在有众多的科研人员不断研究和推出新的下一代 Internet（Next-Generation Internet，NGI）技术，并积极投入建设 NGI。

## 5.3.2 Internet 技术

1. Internet 地址

Internet 上有成千上万台计算机，需要有能标识每台计算机的普适性方法。这就如同我们每个人都有自己的居住地址一样，Internet 上的计算机或设备也可通过唯一性的网络地址来识别自身。Internet 上的网络地址有两种形式：IP 地址和域名。

（1）IP 地址

Internet 中的每一个网络设备都必须有一个全球唯一的地址——IP 地址（Internet Protocol）来标识自己，类似于我们的身份证号码。因此，计算机要接入 Internet，要使用 Internet 的各种服务就必须配置一个 IP 地址，如图 5-16 所示。

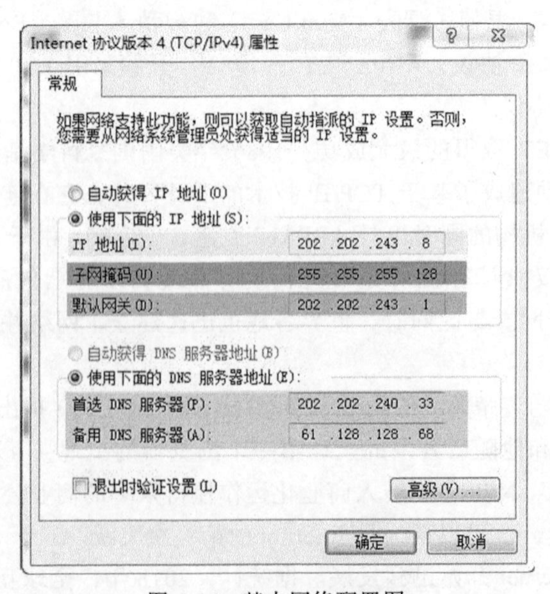


图 5-16　基本网络配置图

以 Windows 操作系统为例，图 5-16 就显示了一台计算机典型的基本网络配置，IP 地址被配置为 202.202.243.8。IP 地址是一个 32 位的二进制数，一般采用“点分十进制”形式将 32 位分隔为 4 段 8 位的二进制数，每段的表示范围都是十进制的 0～255，如该 IP 地址对应的二进制就是：11001010.11001010.11110011.00001000。

32 位的 IP 地址总共有 $2^{32}$（约 43 亿）个，其中有部分地址因管理需要等种种原因不能使用，故而能提供给用户的 IP 地址没有这么多。另外，由于 Internet 的蓬勃发展，现在的 IP 地址已经不够分配了（2011 年已经分配完毕），我们得寄希望于下一代 IP 地址（即 IPv6），目前的 IP 称为 IPv4（如重庆交通大学最初仅分得了 202.202.240.X～202.202.255.X 这一段共 4096 个 IPv4 地址，其中 Web 服务器的 IP 地址是 202.202.240.6）。

就像我们的身份证号码有具体的含义一样，IP 地址也并非是一些顺序的数字。IP 地址包含了两层含义：首先是表明拥有该 IP 地址的网络设备处于哪个网络，称为网络号（Internet 中的网络如此之多，所以首先需要确定该设备位于哪个网络）；然后是表明这个网络中的哪台设备，称为主机号（到达了那个网络，则最终找到该设备就可以靠这个主机号了）。如果网络中网络设备的 IP 地址具有相同的网络号，则我们称这些网络设备在同一个子网中。

提出 IPv6 的原因有很多，比如 IPv6 比 IPv4 更具有安全性、易用性、简单性等，但其中最主要也最重要的是数量问题（由于我国的 IPv4 地址严重不足，因此我国大力推进 IPv6 的部署以解决该问题）。IPv6 有 128 个二进制位，即有 $2^{128}$（约 $3.4\times10^{38}$）个地址。这是一个天文数字，相当于在地球上每平方米拥有 $7\times10^{23}$ 个地址，毫不夸张地说可以让地球上每粒沙子都有一个 IP 地址。由于 128 位显得太长，因此 IPv6 采用十六进制表示，即用冒号将 128 位二进制分为 8 段 16 位，如 Google 的 IPv6 地址是 2001:4860:C004::62（两个冒号之间全是 0，所以省略）。目前，我国每个高校都分得了 $2^{80}$ 个 IPv6 地址，如重庆交通大学的 IPv6 地址以 2001:0DA8:C801 开头。

（2）域名

IP 地址能够唯一标识网络上的计算机，但是它难于记忆，所以为了向用户提供直观的计算机标识符，TCP/IP 专门设计了一种层次型名字管理机制，称为域名系统。

域名是由字符串组成的对应某个 IP 地址的有意义的主机名。例如，ibm.com（IBM 公司的域名）；tsinghua.edu.cn（清华大学的域名）等。域名服务器（Domain Name Server，DNS）的作用是将域名转换成对应的 IP 地址，这些域名不仅包括在浏览器地址栏中输入的网址，还包括电子邮件地址。当我们使用所谓的网址或电子邮件地址时，DNS 自动将它们转换成了对应的 IP 地址，这个过程称为域名解析。中文域名是指含有中文文字的域名。

域名是以若干英文字母（中文文字）和数字组成的，由“ . ”分隔成几部分，最后的部分为顶级域（如.com、.net、.org、.cn 等），由国际互联网络信息中心负责管理和分配。

如图 5-17 所示，顶级域名有通用域和地理域两类。常用的通用域中，.com 一般用于商业性的机构或公司，.net 一般用于从事 Internet 相关的网络服务的机构或公司，.org 一般用于非营利的组织、团体。地理域中，.cn 代表中国，.jp 代表日本，.ca 代表加拿大等（由于美国是 Internet 的起源国，它就直接使用组织模式，后面不跟国别代码）。在这些顶级域名之下的都称之为子域，上层域决定如何分配其下层域包括创建新的子域，同时域名通过点连接且对大小写不敏感。比如常见网址 www.cqjtu.edu.cn 的含义是：在中国域下的教育机构域下的重庆交通大学域中一台名叫 www 的计算机。

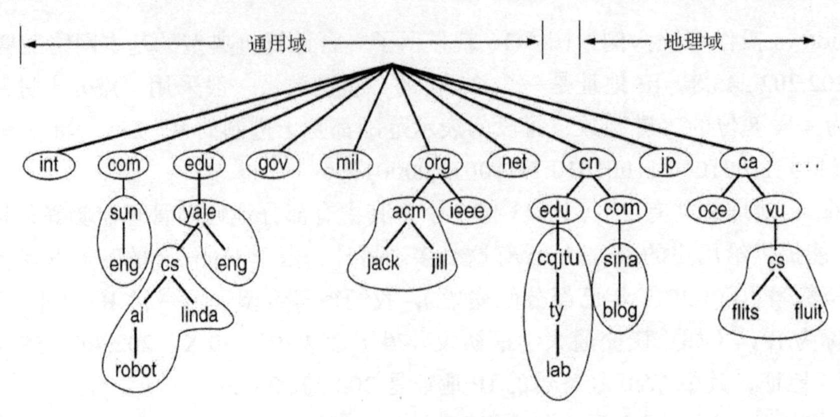


图 5-17　域名的类别

组织模式和地理模式今后可能还会推出新的内容；另外，在顶级域之下还可划分为二级域名，二级域名由二级域名管理机构管理分配，二级域名之下还可划分为多级，由下一级管理机构管理分配。

单位或个人对域名的拥有要先注册，注册成功后方可正式使用，而注册和拥有是要付费的。

值得一提的是，DNS 服务如此重要，以至于全球 13 个根 DNS 服务器中有 10 个在美国，其余 3 个分别在英国、瑞典和日本。我国只有其中 3 个根 DNS 服务器的镜像，受制于人存在很大的安全隐患。另外，我国于 2008 年开始部署和实施的中文域名如“海信.中国”“苹果.cn”等，本意是为了促进域名产业的发展，方便用户上网，提高 Internet 的使用率，但从目前的使用情况来看，由于其方便性值得商榷，应者寥寥。

2. Internet 接入

Internet 接入是指用户计算机或局域网接入广域网，即用户终端与 ISP 的连接。当前接入的方式有拨号接入（Dial-Up）、ADSL 接入（Asymmetric Digital Subscriber Line，非对称数字用户线路）、光纤接入、无线接入等方式。

（1）拨号接入

在 Internet 应用早期，电信公司使用一个拨号调制解调器（Dial-Up Modem）和电话线将计算机连接到电信网络来获得 Internet 服务。拨号接入是指用户在使用 Internet 之前必须要先像打电话一样进行拨号，接通后再使用 Internet 功能。使用拨号调制解调器的主要作用是要将计算机输出的数字信号转换为模拟信号，以使信号在电话线中可以传得更远。这种方式有两个明显的缺点：一是打电话和上网只能选择一种而不能同时进行；二是它提供的带宽实在太低了，只有 54kbit/s。所以目前除了一些发展中国家还保留了这种接入方式外，其他地方基本都淘汰了。

（2）ADSL 接入

用户对接入 Internet 带宽的胃口是永不满足的，而电信公司也看到了这一需求，因此就出现了通过 ADSL Modem 的接入方式。ADSL 中的所谓非对称是指用户访问 Internet 的过程中，上行的流量要远小于下行的流量，电话线的信道被分成了供通话用的语音信道、供上行的数据信道和供下行的数据信道（这种技术就是所谓的多路复用）。采用这种信道划分技术后，用户上网和打电话可以互不干扰。

（3）光纤接入

光纤接入是指终端用户通过光纤连接到 ISP 的局端设备。光纤是宽带网络中多种传输介质中最理想的一种。它的特点是传输容量大、传输质量好、损耗小、中继距离长等，尤其擅长支持多媒体和新的宽带业务。在宽带接入技术中，目前的小区光纤以太网就是一种最具竞争力的宽带接入方式。光纤接入技术必将成为未来接入技术的主要方向。目前，光纤接入是许多国家家庭用户主流的接入 Internet 方式。

（4）无线接入

无线接入技术使用了电磁波进行数据传输，它是有线接入方式的延伸和补充，具有灵活、快捷、方便等优点。目前，我国最典型的无线接入方式是 4G 接入。

## 5.3.3　Internet 应用

### 1. WWW 服务

如果没有"Internet 之父"蒂姆·伯纳斯·李提出的万维网的概念，人们对 Internet 的兴趣不会那么强烈。万维网就是由相互链接的网页（即 Web 页）组成的一个海量信息网，网页是由各种绚丽的文字、图片、动画、音频、视频以及指向其他页面的链接等元素或对象组成的文件，一个网页就是一个超文本标记语言（Hypertext Markup Language，HTML）的文件，图 5-19 是重庆交通大学收发邮件（mail.cqjtu.edu.cn）登录页面（见图 5-18）所对应的部分 HTML 文件源代码。

图 5-18　重庆交通大学邮件登录页面

WWW 服务使用超文本传输协议（HyperText Transfer Protocol，HTTP）把用户的计算机与 WWW 服务器相连。在地址栏中输入 http://mail.cqjtu.edu.cn/index.html（如果没有输入 http 和 index.html，系统会自动补全）并按回车键后，页面会立刻显示出来了。地址栏中输入的字符串常称为网址，它的真正名称是统一资源定位符（Uniform Resource Locator，URL），目的是告诉浏览器请使用应用层的超文本传输协议，将位于名叫 mail.cqjtu.edu.cn 主机上的 index.html 文件取回并分析，如果还有其他的对象则按照给出的 URL 取回。最后当浏览器取得了这个 index.html 文件所需要的所有对象后，就可以完整地呈现在我们眼前。

```
<!DOCTYPE html>
◢ <html lang="en">
  ▷ <head>…</head>
  ◢ <body>
    ◢ <div class="top">
      ◢ <div id="logo">
          <img alt="" src="images/logo.png" />
        </div>
      </div>
    ◢ <div class="banner">
      ◢ <div class="nr">
        ◢ <div id="denglu">
          ◢ <form action="https://exmail.qq.com/cgi-bin/login" method="post">
              <input name="firstlogin" type="hidden" value="false" />
              <input name="dmtype" type="hidden" value="bizmail" />
              <input name="errtemplate" type="hidden" value="dm_loginpage" />
              <input name="aliastype" type="hidden" value="other" />
              <input name="p" type="hidden" />
              <h3>邮箱登录</h3>
            ▷ <h4>…</h4>
            ▷ <h4>…</h4>
            </form>
          ▷ <p style="text-align: right">…</p>
          </div>
        ▷ <div id="photo">…</div>
        </div>
      </div>
    ▷ <div class="foot">…</div>
    </body>
</html>
```

图 5-19 重庆交通大学邮件登录页面部分源代码

实际上，我们经常在浏览器地址栏中看到的并不是这种简单的 URL，而是很长很多的乱七八糟的字符，如 http://vod.cqjtu.edu.cn/index.php?s=vod-script-id-top，其实这是现在广泛使用的动态页面技术，应用较多的是 ASP、JSP 和 PHP 等动态页面技术。上面我们看到的是静态页面。

另外需要注意 Web 应用中的 Cookie 和 Cache 技术。当用户浏览某些网站需要登录时，它告诉用户可以在一个星期内自动登录而不需要输入用户名和密码。当用户网上购物时，将待买的商品放到购物车中但没有真正下订单，但下周用户再次购物时发现上次打算购买的商品还在购物车中，如此都是采用了 Cookie 技术。当用户第二次访问某网站时，其页面显示速度变快了，那是因为浏览器使用了 Cache 技术将页面上的图片、脚本代码等对象缓存在了本地，速度自然就会加快。

前面提到万维网是一个海量信息网，用户能记住多少 URL，用户又如何快速地找到需要的内容？答案就是搜索引擎。我们普遍使用的搜索引擎有 Google 和百度，它们极大地消除了 Internet 中的信息孤岛，给了我们所需内容的索引。

Web 应用是一种典型的 C-S 模式，即由充当客户端的 Chrome、Firefox、Opera 和 IE 等浏览器向充当服务器端的 IIS、Apache 等 Web 服务器发出请求，得到服务器端返回的网页后就会呈现给用户。

**2. 电子邮件**

电子邮件（E-Mail）是 Internet 早期非常主要的应用，当然现在也不例外，其重要性无须多言，图 5-20 简单介绍电子邮件收发的过程。

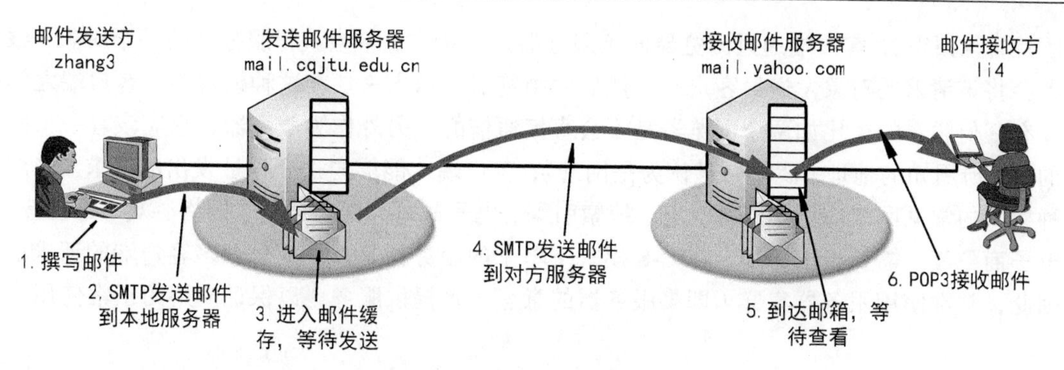


图 5-20　邮件收发示意图

如图 5-20 所示，现假设在重庆交通大学注册的用户张三 zhang3@cqjtu.edu.cn（这个电子信箱的实际含义是在重庆交通大学的邮件服务器上有一个注册用户名为 zhang3）欲给在雅虎注册的用户李四 li4@yahoo.com 发送一封电子邮件，接下来李四接收该邮件，其过程大致如下。

（1）撰写邮件。张三使用某种邮件客户端软件（如微软的 Outlook Express 或国产的 Fox Mail 等）撰写邮件。这些软件一般都有撰写、查看、管理、发送、接收邮件等功能。

（2）发送邮件。点击发送后，该邮件将使用简单邮件发送协议（Simple Message Transfer Protocol，SMTP）发送到重庆交通大学的邮件服务器中。

（3）排队等待。交大的邮件服务器收到该邮件后进行相应处理，然后送到邮件缓存队列中排队等候发送（显而易见，该服务器要为许多用户发送邮件，故需要排队）。

（4）传输邮件。交大邮件服务器又用 SMTP 协议将该邮件发送到雅虎邮件服务器中。

（5）到达邮箱。雅虎邮件服务器收到该邮件进行相应处理后，将该邮件存放到李四的邮箱（因需要长期保存，该邮箱多数情况是外存的一块区域），此时雅虎邮件服务器向交大邮件服务器送回接收成功的信号，然后交大的邮件服务器又会告知张三使用的邮件客户端软件，接下来张三就会看到邮件成功发送的消息。

（6）查看邮件。如果李四此时想查看他的邮件，那么他也将使用某款邮件客户端软件进行登录，接下来就可看到邮件列表和内容等。但请注意李四查看接收邮件使用的是所谓的第三版邮局协议（Post Office Protocol，POP3）。

以上是邮件的收发过程，可以看出邮件的发送分为两个阶段，发送邮件与接收邮件是两个互不相关的过程，且使用不同的网络协议。但你肯定会说，不对啊，我平时收发邮件不是这样的？是的，我们现在普遍使用的都是一种非常方便的称为 Web Mail 的邮件收发方式，即在图 5-20 的步骤 2 和步骤 6 中我们使用的是 HTTP 协议，但在邮件服务器之间即步骤 4 仍然使用 SMTP 协议。这种基于 Web 方式的邮件服务是 1995 年由沙比尔・巴提亚和杰克・史密斯提出来的。

### 3. P2P

Internet 提供的服务也可称为网络应用，这些网络应用通过两种模式供用户使用，一个是客户-服务器模式（Client-Server，C-S），另一个是对等模式（Peer to Peer，P2P）。

如图 5-21 所示，在 C-S 模式中，一定有一台称作服务器端的主机在为称作客户端的众多主机提供服务。最典型的例子是 WWW，运行着网页服务的服务器上有许多的信息（网页、图片、视频等)，客户端通过浏览器向该服务器发出请求，希望获得服务器的某个对象，服务器会将该请求的对象发送给客户端，然后由浏览器显示出来。在这种模式中，客户端之间是没有任何联系的，比如两个浏览器是不会直接通信的，另外作为服务器，它应该有一个固定的、众所周知的地址(我们姑且认为是网址)，客户端才能够向这个地址发出的请求。采用这种模式的常见网络应用是网页浏览、搜索引擎、电子邮件、即时通信、网络游戏、远程登录、电子商务等。需要指出的是，在 C-S 模式下单个的服务器是不能应付众多客户端的请求的，因此，常常使用服务器集群(即多服务器的意思)来提供服务，以保证应用的正常使用。

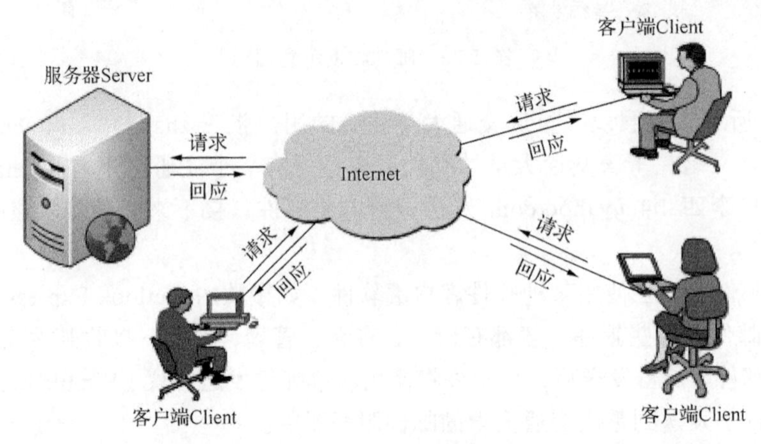


图 5-21 客户-服务器模式

如图 5-22 所示，在 P2P 模式中，没有哪台主机固定是服务器或客户端，每个主机都可以接受其他主机的服务成为客户端，同时又可以为其他主机服务而成为服务器，所以我们称其为对等端(peers)。并且这些主机不属于某一个服务提供商，也没有什么固定的网址之类的说法，它有可能就是用户家里、学校里以及办公室里的某台计算机。在 P2P 模式中，参与的主机越多，可以为用户提供服务的可能性就越大(数据的来源就可能越多)，性能就越好。目前，越来越多对流量敏感的应用都采用了这种模式，如文件分享(VeryCD)、网络电视(PPLive)、网络电话(Skype)等。

图 5-22 对等模式

目前，基于 P2P 这种技术的应用有很多，下面以普遍使用的下载软件迅雷来简单说明其工作方式。

图 5-23 是迅雷下载完一个约 2GB 大小的文件时的统计图。对于大多数用户而言，迅雷下载文件之所以相对快速，是因为它不但从原始地址下载文件（406MB），同时其至少还使用了的两种技术：一是镜像服务器加速，即如果用户要下载的文件已经存在于迅雷建立的镜像服务器中时，那么该文件将会同时从原始和镜像两个点下载（152MB），所以速度得以加快；二是使用 P2P 加速（1.36GB），这便是其下载速度快的主要原因。我们可以从图 5-23 中看到，迅雷下载这个文件比从原始地址下载足足节省了 18 个小时。

图 5-23　迅雷下载加速统计图

迅雷使用的 P2P 加速实际上是采用了分散定位和分散传输技术。分散定位是指文件分布在 Internet 的不同主机即对等端（peer）中，分散传输是指迅雷将一个文件按照规则划分为许多的小文件块，下载该文件时，迅雷同时从不同地方的许多对等端下载这个文件的不同部分，当该文件的所有块都下载完后再将之还原成完整的文件。如图 5-24 所示，下载该文件时总共有 356 个对等端参与，迅雷正从其中的 83 个对等端中下载文件块，同时还在进一步与其中的 265 个对等端建立连接以加快下载速度，另外有 7 个对等端没有使用，还有 1 个正在加入中。请注意，因为对等端的加入与退出都是随意而非强制性的（也不可能做到），所以这些数字不是固定而是动态变化的。我们之所以称这些主机为对等端，那是因为在迅雷的安排下，下载者也同时在为其他人服务，即他们也从下载者的计算机中获得了资源。

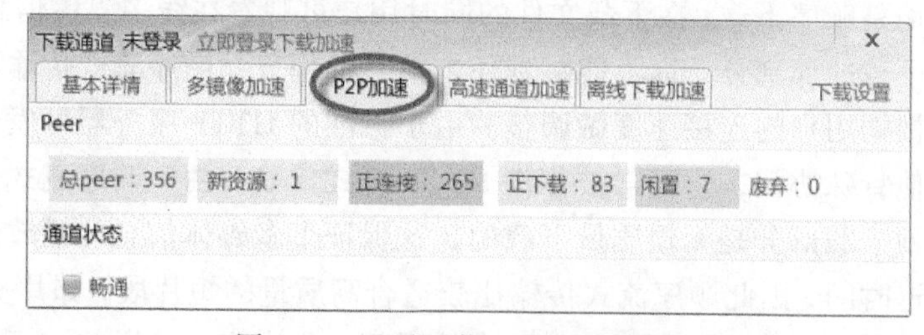


图 5-24　迅雷下载 P2P 连接资源图

P2P 技术的好处是十分明显的，并且还在不断发展和改进。但随着其广泛的使用，有些问题也有待我们思考，例如，基于 P2P 的流量消耗了大量的带宽，并且 ISP 没能从中赢利，以至于某些 ISP 干脆对 P2P 进行限速；P2P 使得数字作品的版权难以得到保障，特别是音频和视频作品等，并且还难以进行管理和取证。

实际上，并非所有的应用都只能采用一种模式，有些应用可以同时采用 C-S 和 P2P 这两种模式，我们称其为混合模式，比如常用的即时通信软件 QQ 就是这样。QQ 用户登录时，必须经过 QQ 的服务器进行验证，获取、追踪该用户及其好友的地址、状态等信息，这就是 C-S 模式。一旦登录成功，QQ 用户间相互的通信直接进行而不需要经过 QQ 服务器，这就是 P2P 模式。

现在还有一种叫作浏览器-服务器（Browser-Server，B-S）模式的说法。它实质上仍是 C-S 模式，只不过客户端统一表现为某种浏览器软件，如 WebQQ、搜狗云输入以及各种各样的网页游戏等。目前这种模式是一个重要的发展方向，它比传统 C-S 模式应用在开发、部署、安装、维护、用户体验等方面都有优势。此处我们不进行探讨，请感兴趣的读者参考相关资料。

**4. 流媒体**

随着互联网的普及，利用网络传输声音与视频信号的需求也越来越大。广播电视等媒体上网后，也都希望通过互联网来发布自己的音视频节目。但是，音视频在存储时文件的体积一般都十分庞大。在网络带宽还很有限的情况下，花几十分钟甚至更长的时间等待一个音视频文件的传输，不能不说是一件让人头疼的事。流媒体技术的出现，在一定程度上使通过网络传输音视频难的局面得到了改善。

传统的网络传输音视频等多媒体信息的方式是完全下载后再播放，下载常常要花好几分钟甚至数个小时。而采用流媒体技术，就可实现流式传输，将声音、影像或动画由服务器向用户计算机进行连续的、不间断传送，用户不必等到整个文件全部下载完毕，而只需经过几秒或十几秒的启动延时即可进行观看。当声音、视频等在用户的机器上播放时，文件的剩余部分还会从服务器上继续下载。

如果将文件传输看作一次接水的过程，过去的传输方式就像是对用户做了一个规定，必须等到一桶水接满才能使用它，这个等待的时间自然要受到水流量大小和桶的大小的影响。而流式传输则是打开水龙头，等待一小会儿，水就会源源不断地流出来，而且可以随接随用。因此，不管水流量的大小，也不管桶的大小，用户都可以随时用上水。从这个意义上看，流媒体这个词是非常形象的。

流式传输技术又分为两种，一种是顺序流式传输，另一种是实时流式传输。

顺序流式传输是顺序下载，在下载文件的同时用户可观看在线多媒体信息，在给定时刻，用户只能观看已下载的那部分，而不能跳到还未下载的部分，顺序流式传输不像实时流式传输会在传输期间根据用户的连接速度做调整。由于标准的 HTTP 服务器可发送这种形式的文件，也不需要其他特殊协议，它经常被称作 HTTP 流式传输。由于顺序流式传输时，多媒体文件在播放前的预下载部分是无损质量下载的，这保证了多媒体信息的播放质量，但必须承受等待下载的延迟时间，因此顺序流式传输比较适合高质量的短片段，如片头、片尾和广告。顺序流式传输不适合长片段和有随机访问要求的视频，如讲座、演说与演示。它也不支持现场广播，严格说来，它是一种点播技术。

实时流式传输保证多媒体信号带宽与网络连接相匹配，使多媒体信息可被实时观看到。实时流与顺序流式传输不同，它需要专用的流媒体服务器与传输协议。实时流式传输总是实时传送，特别适合现场事件，也支持随机访问，用户可快进或后退以观看前面或后面的内容。

实时流式传输必须匹配连接带宽，这意味着在网络速度低时图像质量较差。而且，由于出错丢失的信息被忽略掉，网络拥挤或出现问题时，视频质量很差。

在运用流媒体技术时，音视频文件要采用相应的格式，不同格式的文件需要用不同的播放器软件来播放，所谓“一把钥匙开一把锁”。目前，采用流媒体技术的音视频文件主要有三大“流派”。一是微软的 ASF（Advanced Stream Format），这类文件的扩展名是.asf 和.wmv，与它对应的播放器是微软公司的“Media Player”。二是 RealNetworks 公司的 RealMedia，它包括 RealAudio、RealVideo 和 RealFlash 三类文件，其中 RealAudio 用来传输接近 CD 音质的音频数据，RealVideo 用来传输不间断的视频数据，RealFlash 则是 RealNetworks 公司与 Macromedia 公司联合推出的一种高压缩比的动画格式，这类文件的扩展名是.rm，文件对应的播放器是“RealPlayer”。三是苹果公司的 QuickTime，这类文件扩展名通常是 .mov，它所对应的播放器是“QuickTime”。此外，MPEG、AVI、DVI、SWF 等都是适用于流媒体技术的文件格式。

由于流媒体技术在一定程度上突破了网络带宽对多媒体信息传输的限制，因此被广泛应用于网上直播、网络广告、视频点播、远程教育、远程医疗、视频会议、企业培训、电子商务等领域，图 5-25 所示就是一种典型的流媒体系统结构。

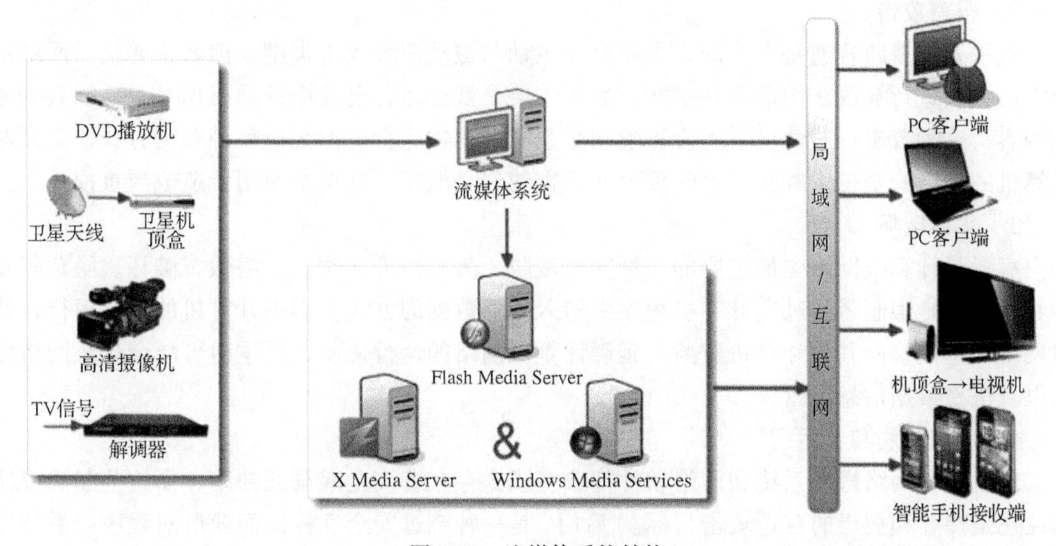


图 5-25 流媒体系统结构

本节介绍了计算机网络 4 种主要的应用，除此之外，网络还有许多其他的应用，如文件传输、远程登录以及网络管理等。这些应用有的随着时代的发展得以进一步扩展，有的则逐渐退出历史舞台，销声匿迹了。

## 5.4 计算机网络安全

计算机网络带来了资源的共享和工作效率的提升，但网络作为开发的系统必然存在潜在的安全隐患。黑客、病毒可能利用系统漏洞攻击网络服务器，网络中传输的数据可能会被窃取，人为失误也可能造成网络瘫痪和数据丢失。因此，网络安全作为计算机网络技术中重要的一部分也越来越受到重视。

计算机网络安全可理解为：网络安全是指保护网络系统中的软件、硬件及信息资源，使之免受偶然或恶意地破坏、篡改和泄露，保证网络系统的正常运行、网络服务不中断。下面首先介绍网络主要面临哪些安全威胁，然后再讲解面对这些威胁应该采取怎样的防范措施。

### 5.4.1 网络安全的主要威胁

网络安全威胁是指有可能访问资源并造成破坏的某个实体（包括人、事件、软件）。威胁计算机网络安全的因素有很多，有人为的恶意攻击和无意的失误，也有系统的漏洞，以及自然灾害的原因等，归纳起来主要表现在以下几个方面。

**1. 网络黑客**

在计算机技术不断发展的条件下，网络黑客这种新的网络犯罪形式也屡见不鲜。网络黑客可以在未经允许的条件下，运用一些非法技术进入计算机系统中，并对网络系统中的重要数据信息进行修改与破坏，以达到非法目的。另外，网络黑客还可以以程序指令为依托，控制他人的计算机，或将病毒放入计算机中，从而破坏或控制网络系统。

**2. 恶意攻击**

这种安全威胁普遍是人为的，主要分为主动与被动两种攻击类型。前者主要是对网络系统中的数据进行篡改、伪造或是中断。后者主要是截获运行过程中的网络信息，从而获得通信内容，这种攻击一般情况下不会影响网络系统的正常运行。但无论哪种攻击方式，都会对计算机的网络安全带来威胁，引起重要或机密的信息泄露，甚至给使用者造成严重损失。

**3. 病毒破坏**

病毒是计算机网络中最主要的一种安全威胁，具有传染、寄生、潜伏、破坏、隐藏等多种特点。病毒编制者通过向计算机程序中植入破坏数据的方式，影响计算机的正常运行，并以网络为基础，向其他计算机传播，延缓计算机网络的运行速度，严重时可能会导致网络瘫痪以及机密数据信息泄露。

**4. 系统漏洞和“后门”**

现阶段，网络操作系统和网络软件都或多或少存在着安全漏洞或缺陷，而这些漏洞或缺陷往往是黑客和病毒的首选攻击目标。“后门”是一种绕过安全性控制而获取对程序或系统访问权的方法，在软件开发阶段，程序员常会在软件内创建后门，以便修改程序，但如果后门被怀有恶意的人获知，就容易被当成安全漏洞受到攻击。

**5. 管理失当**

管理失当主要是指因人为原因造成的网络安全隐患，如网络管理员安全配置不当造成的安全漏洞，用户安全意识不强造成的口令安全等级不高，账号随意转借他人或与别人共享等，都会给网络安全带来威胁。

**6. 自然灾害**

自然灾害主要包括地震、火灾、暴雨、狂风等不可抗力的因素。温度、湿度、污染、振动等环境因素也会对计算机网络安全产生影响。目前绝大多数机房都没有设置预防自然灾害干扰的措施。一旦发生自然灾害，很难实现有效抵御。因此，数据丢失以及设备损坏的现象也经常发生。

## 5.4.2　网络安全防范手段

网络安全防范是指在网络环境中利用网络管理控制和技术措施，对信息的处理、传输、存储、访问提供安全保护，以防止数据、信息内容遭到破坏、更改、泄露，或者防止网络服务中断。网络安全需要通过加强管理和采用必要的技术手段来防范，下面介绍几种常用的网络安全防范手段。

### 1. 访问控制

网络访问控制是网络安全防范和保护的主要策略，是针对越权使用资源的防范措施，即判断使用者是否有权限使用或更改某一项资源，并且防止非授权的使用者滥用资源。

从应用层面来看，访问控制的安全策略有 8 种：入网访问控制、网络的权限控制、目录级安全控制、属性安全控制、网络服务器安全控制、网络监测和锁定控制、网络端口和节点的安全控制以及防火墙控制。

### 2. 防火墙

防火墙技术是目前最主要的一种网络防护技术。防火墙拥有内部网络与外部网络之间的唯一进出口，如图 5-26 所示，因此能隔离内部、外部网络系统。防火墙是对内部、外部网络通信进行安全过滤的主要途径，能够根据指定的访问规则对流经它的信息进行监控和审查，从而保护内部网络不受非法访问和攻击。防火墙采用的主要技术有包过滤技术、应用代理、状态检测以及深度检测技术。

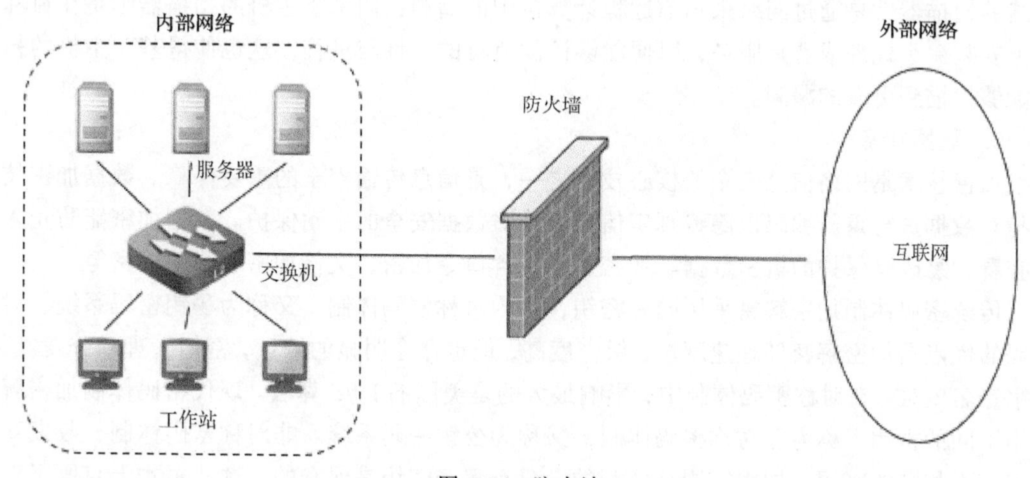


图 5-26　防火墙

一个有效的防火墙具备以下特性：内部和外部之间的所有网络流量数据必须经过防火墙；只有符合安全策略的数据流才能通过防火墙；防火墙自身应对渗透免疫。但防火墙也存在一些缺点：无法防范不经由防火墙的攻击，无法防御未知攻击，不能防止感染了病毒的软件或文件传输，不能防御恶意的内部用户。

从实现方式上来看，防火墙可以分为软件防火墙、硬件防火墙。软件防火墙运行在特定的计算机上，依赖于预先安装好的计算机操作系统的支持，例如，Windows 个人防火墙、天网防火墙以及瑞星、360 安全卫士中集成的软件防火墙等。硬件防火墙是基于一些专有的硬件设备实现高速的防火墙过滤技术。常用的防火墙硬件平台有 X86 架构防火墙、ASIC 架构防火墙和网络处理器架构防火墙等类型。

### 3. 入侵检测

入侵检测是对入侵行为的检测。它通过收集和分析网络行为、安全日志、审计数据、其他网络上可以获取的信息以及计算机系统中若干关键点的信息，检查网络或系统中是否存在违反安全策略的行为和被攻击的迹象。

用于入侵检测的软件与硬件的组合便是入侵检测系统。入侵检测系统是防火墙之后的第二道安全闸门，它能监视和分析用户及系统活动，查找用户的非法操作，评估重要系统和数据文件的完整性，检测系统配置的正确性，提示管理员修补系统漏洞，并能对检测到的入侵行为进行反应，在入侵攻击对系统发生危害前报警或驱逐入侵攻击，在入侵攻击过程中减少入侵攻击所造成的损失，在被入侵攻击后收集入侵攻击的信息，并作为防范系统的知识加入入侵策略，避免系统再次受到同样的攻击。入侵检测作为一种动态安全防护技术，提供了对外部攻击、内部攻击、误操作的实施保护，在网络系统受到危害之前拦截和响应入侵，它与静态安全防御技术（防火墙）相互配合，可以构建更为坚固的网络安全防御体系。

### 4. 漏洞扫描

网络攻击、网络入侵等安全事故的频发，多数是由于系统存在安全漏洞导致的。网络安全扫描实际上是根据模拟网络攻击的方式，提前获取可能会被攻击的薄弱环节，为系统安全提供可信的分析报告，发现未知漏洞并且及时修补已发现的漏洞。

依据扫描执行方式的不同，漏洞扫描主要分为基于网络的扫描和基于主机的扫描。基于网络的扫描器就是通过网络来扫描远程计算机中的漏洞；而基于主机的扫描器则是在目标系统上安装一个代理或者是服务，以便能够访问所有的文件与进程，这也使得基于主机的扫描器能够扫描到更多的漏洞。

### 5. 数据加密

加密技术是网络信息安全的核心技术之一，是信息传输安全的重要保障。数据加密技术是指对数据进行重新编码以隐藏真实信息，是对数据安全的主动保护。数据加密能防止入侵者查看、篡改受保护的机密数据。加密技术包含口令加密、文件加密和传输加密等。

传统密码体制加密解密采用同一密钥，称为对称密码体制，又称为秘钥密码系统。对称密码的优点是加密解密处理速度快、保密度高，但也存在明显的缺点，密钥管理和分发复杂，数字签名困难。在对称密码体制中，影响最大的是美国的 DES 算法。现代密码体制加密解密采用不同的密钥，称为非对称密码体制，又称为公钥密码系统。非对称密码体制，收发双方采用互不相同的密钥，加密密钥是公开的，只有解密密钥是保密的，这从根本上克服了对称密码体制在密钥分配上的困难。在非对称密码体制中，最有影响力的是 RSA 算法。

### 6. 防范恶意程序

恶意程序是病毒、木马、蠕虫等恶意软件的统称。对于恶意程序的防范需要全社会的共同努力。国家以科学严谨的立法和严格的执法，打击恶意程序的制造者和传播者。企事业单位应提高防范恶意程序的管理措施，做到专机专用。个人网络用户也应当遵章守纪，增强安全意识，做好计算机自身的安全防护，及时更新以及升级操作系统；为计算机安装配置必要的防护软件并及时更新，如防火墙、杀毒软件、反间谍软件等；浏览正规网站，及时更新和升级浏览器软件，不要在一些不知名的网站下载软件，以防软件被捆绑恶意程序，不要随意打开陌生邮件的附件。

**7. 数据备份**

数据备份是容灾的基础，当系统出现灾难性事件时，备份数据将成为最重要的恢复手段。数据备份与恢复是为了防止自然灾害、攻击破坏、操作失误等导致数据丢失，将全部或部分数据集合从服务器的硬盘或存储阵列，复制到其他的存储介质的过程。建立并严格实施完整的数据备份方案，就能确保网络或系统受损时，能够迅速和安全地将系统或数据恢复。

# 习题 5

## 一、单项选择题

1. 计算机网络最突出的优点是（　　）。

A. 精度高　　B. 共享资源　　C. 分工协作　　D. 传递信息

2. 在计算机网络术语中，WAN 的含义是（　　）。

A. 以太网　　B. 广域网　　C. 互联网　　D. 局域网

3. 网络拓扑是指（　　）。

A. 网络形状　　B. 网络操作系统　　C. 网络协议　　D. 网络设备

4. 交换机工作在 OSI 模型的哪一层？（　　）

A. 物理层　　B. 数据链路层　　C. 网络层　　D. 传输层

5. 在计算机网络中，实现计算机相互通信的语言被称为（　　）。

A. 对话　　B. 规则　　C. 协议　　D. 标准

6. 下列属于计算机网络操作系统的是（　　）。

A. Office　　B. Photoshop　　C. Windows 10　　D. Linux

7. Web 上每一页都有一个独立的地址，这些地址称作统一资源定位符，即（　　）。

A. URL　　B. WWW　　C. HTTP　　D. USL

8. Internet 采用域名地址是因为（　　）。

A. 一台主机必须用域名地址标识

B. 一台主机必须用 IP 地址和域名地址共同标识

C. IP 地址不能唯一标识一台主机

D. IP 地址不便于记忆

9. 用户申请的电子邮箱通常是（　　）。

A. 通过邮局申请的个人信箱　　B. 邮件服务器内存中的一块区域

C. 邮件服务器硬盘中的一块区域　　D. 用户硬盘中的一块区域

10. Internet 中电子邮件地址由用户名和主机名两部分组成，两部分之间用（　　）符号隔开。

A. ://　　B. /　　C. #　　D. @

11. http://www.163.com/home.html 中主机名表示为（　　）。

A. http　　B. home.html　　C. www.163.com　　D. 163.com

12. TCP/IP 协议的含义是（　　）。

A. 局域网的传输协议　　B. 拨号入网的传输协议

C. 传输控制协议和 Internet 协议　　D. OSI 协议集

13. 能代表 Web 页面文件的文件扩展名是（　　）。

A. .html　　B. .txt　　C. .wav　　D. .gif

14. 迅雷下载软件主要采用了一种称为（　　）的技术来加快下载速度。

A. C2C　　B. B2B　　C. B2C　　D. P2P

15. 防火墙是指（　　）。

A. 一个特定软件　　B. 一个特定硬件

C. 执行访问控制策略的一组系统　　D. 一批硬件的总称

**二、填空题**

1. 计算机网络最基本的功能是__________、__________及分布式处理和负载均衡。
2. 按覆盖的范围分类，网络可分为__________、__________、__________3 种。
3. 计算机网络的主要拓扑结构有__________、__________、__________、__________。
4. 双绞线电缆可以分为__________和__________两大类。
5. Internet 的网络模型被分为__________、__________、__________、__________、__________五层。
6. 工作在网络层，负责路由选择，使发送的包能按其目的地址正确到达目的地的网络设备是__________。
7. Internet 上采用的通信协议是__________协议簇。
8. 在 Internet 上，可以唯一标识一台主机的是__________。
9. 域名地址从左到右的最后一部分要么表明是某种通用域，要么是__________。
10. HTTP 是一种用于传输__________的协议。

**三、简答题**

1. 组成计算机网络的软件系统有哪些？
2. 简述计算机网络的主要功能。
3. 简述树形拓扑结构的优缺点。
4. 常用的网络传输介质有哪些？各自的特点是什么？
5. 网络通信中，为什么要使用网络协议？你知道哪几种协议？
6. 什么是 IP 地址？其具体表示形式是什么？
7. 常用的接入 Internet 的方式有哪些？
8. 常见的网络应用有哪些？你都使用过吗？
9. 简述电子邮件的工作过程。
10. 保证网络安全的主要防范手段有哪些？

# 第 6 章 云计算

Computer computing may become a public utility in the future，just as the telephone system.

——John McCarthy

未来计算机运算有可能成为一项公共事业，就像电话系统已成为一项公共事业一样。

——约翰·麦卡锡

学习目标

- 掌握云计算的概念
- 了解云计算的起源和基本特征
- 了解云计算的发展趋势
- 了解云计算的平台和体系结构
- 了解云计算的关键技术
- 了解云计算的计算领域

## 6.1 云计算概述

Google 公司首席执行官埃里克·施密特（Eric Schmidt）于 2006 年首次提出了“云计算”（Cloud Computing）的概念。“云计算”的概念一经提出，各大公司纷纷进军云计算服务市场。云计算、物联网被认为是新一代的 IT 改革浪潮。云计算是由并行计算、分布式计算、网格计算等技术逐步融合发展起来的。并行计算是相对于串行计算而言的，是在空间和时间上实现并行；分布式计算是把一个需要超强计算能力的任务分成多个小部分去分开解决，最后把这些小部分的计算结果综合；网格计算事实上是共同使用资源，在弹性、多分布虚拟架构中实现的。

### 6.1.1 云计算的起源

云计算最初的意思是通过互联网提供计算能力。云计算的发展与 Google、亚马逊等国际大公司有着密切的联系。2006 年 3 月，亚马逊推出弹性计算云（Elastic Compute Cloud，EC2）服务。2006 年 8 月 9 日，Google 首席执行官埃里克·施密特在搜索引擎大会（SES San Jose 2006）首次提出“云计算”的概念。Google“云端计算”源于 Google 工程师克里斯托弗·比希利亚所做的“Google 101”项目。2007 年 10 月，Google 与 IBM 开始在美国大学校园（包括卡内基·梅隆大学、麻省理工学院、斯坦福大学、加州大学伯克利分校及马里兰大学等）推广云计算的计划，具体的措施是给这些大学配置有关的软硬件设施，同时提供有关的技术支持。成百上千的计算机组成大规模的数据中心，该数据中心将提供 1600 个处理器，一些需要以大规模计算为基础的研究就可以通过网络在数据中心中进行开发。

Google 作为云计算的先锋，在云计算领域有着举足轻重的地位。其另一项丝毫不逊色于网页排序的发明就是云计算平台，该项发明廉价、高效，令其引以为傲。Google 的“云”是由成百上千的普通个人计算机连在一起形成的，它可以提供高效的、可靠的运算服务。Google 是最大的服务器制造厂商，它能以别的企业 1/20 的成本制造服务器，它所用的服务器都是由自己生产的。正是由于这些低成本、高性能的服务器，为 Google 的云计算平台保持各种应用程序，能够推陈出新。

亚马逊对自己的平台不断进行改进和创新，研究出了弹性云计算平台。该平台整合企业充裕的软硬件资源，把这些资源以云服务的形式对外提供。

继 Google 提出“云计算”的概念之后，IBM 也发行了“蓝云”计算平台，该平台实行的是现买现用的服务方式。“蓝云”计算平台构建了一个分布式的资源结构和一个全球性的计算平台，它在网络环境下运行，而不仅仅局限于本地的计算机或服务器集群。

### 6.1.2 云计算的概念

云计算至今为止没有一个统一的定义，不同的组织从不同的角度给出了不同的定义。下面介绍比较有代表性的几个定义。

维基百科（Wikipedia）2009 年给出的云计算的定义为：云计算是一种动态的易扩展的且通常是通过互联网提供虚拟化的资源计算方式，用户不需要了解云内部的细节，也不必具有云内部的专业知识或直接控制基础设施。云计算包括基础设施即服务（IaaS）、平台即服务（PaaS）和软件即服务（SaaS）以及其他依赖于互联网满足客户计算需求的技术趋势。云计算主要提供通用的通过浏览器访问的在线商业应用、软件和数据存储等服务。

IBM 关于云计算的定义为：云计算是一种计算模式，在这种模式中，应用、数据和 IT 信息资源以服务的方式通过网络提供给用户使用。大量的计算资源组成 IT 资源池，用于动态创建高度虚拟化的资源供用户使用。云计算是系统虚拟化的最高境界。

加州大学伯克利分校在“伯克利云计算白皮书”中对云计算进行了定义：云计算包括互联网上各种服务形式的应用以及这些服务所依托数据中心的软硬件设施，这些应用服务一直被称作软件即服务（SaaS），而数据中心的软硬件设施就是所谓的云，云计算就是 SaaS 和效用计算。以即用即付（pay-as-you-go）的方式提供给公众的云称为公有云（public cloud），如 Amazon S3、Google AppEngine 和 Microsoft Azure 等，而不对公众开放的组织内部数据中心的资源称为私有云。

中国科技大学陈国良院士等把云计算作为并行计算的新发展方向，他们给出的定义如下：云计算是基于当前已相对成熟与稳定的互联网的新型计算模式，即把原本存储于个人计算机、移动设备等个人设备上的大量信息集中在一起，在强大的服务器端协同工作。它是一种新兴的共享计算资源的方法，能够将巨大的系统连接在一起为用户提供各种计算服务。

阿里巴巴商学院高级研究员吴吉义等提出的定义为：云计算是以虚拟化技术为基础，以网络为载体，以提供基础架构、平台、软件等服务为形式，整合大规模可扩展的计算、存储、数据、应用等分布式计算资源进行协同工作的超级计算模式。在云计算模式下，用户不再需要购买复杂的硬件和软件，而只需要支付相应的费用给“云计算”服务提供商，通过网络就可以方便地获取所需要的计算、存储等资源。

中国人民解放军陆军工程大学的刘鹏教授对云计算的定义为：云计算把大量软硬件基础设施整合封装成资源池，用户根据需求从数据中心获得各种服务。

美国国家标准与技术实验室对云计算这样定义：云计算是一个提供便捷地通过互联网访问一个可定制的IT资源共享池能力的按使用量付费模式（IT资源包括网络、服务器、存储、应用、服务），这些资源能够快速部署，并只需要很少的管理工作或很少的与服务供应商的交互。

综上所述，从技术层面来看，云计算是一种动态、易扩展的，基于互联网利用虚拟化技术为不同用户提供服务的计算模式。但云计算不是简简单单的专业术语，而是基于多项计算机技术研究开发出来的。云计算之所以发展迅速与它一直以来遵循的“按需计费”的原则有关，这也符合人类社会劳动发展规律。从需求层面来看，用户通过客户界面接口就可以访问硬件、存储设备、应用软件等组成的资源池。对于资源池的具体物理位置及所用技术，则不需要用户去了解，访问端接到请求后会自动分配资源。由此可知，云计算具有即买即卖的服务模式、动态易扩展的弹性化业务，用户可以在云的基础上完成存储、开发、传输等业务。

### 6.1.3　云计算的基本特征

云计算的基本特征如下。

**1. 超大规模**

云计算具有相当的规模，Google云计算已经拥有100多万台服务器，亚马逊、IBM、微软、Yahoo等的“云”均拥有几十万台服务器。企业私有云一般拥有成百上千台服务器。“云”能赋予用户前所未有的计算能力。

**2. 弹性化业务**

云计算服务规模是动态易扩展的，可快速适应用户的需求。也就是说用户可以按需购买及使用服务，也可以按需撤销和删除资源。不同用户使用的资源需求一致时，避免了因服务器性能负荷而导致的服务质量下降或资源浪费。

**3. 虚拟化**

虚拟化技术是云计算的重要组成部分，它把服务器虚拟为多个性能可配的虚拟机以便对超大规模集群系统中的虚拟机进行统一部署、调控及管理。当物理机负载超负荷时，可以通过虚拟机在线迁移技术（在线状态下，从一台物理机迁移到另外一台物理机）达到负载均衡。

**4. 资源池化**

网络、服务器、存储设备、应用程序、服务等这些资源以共享资源池的形式统一部署和管理。资源池拥有者将资源通过虚拟化技术共享给不同使用者。资源的部署、管理与分配方法对用户实行透明化。用户可以像使用水、电、煤气等公共基础设施，用多少买多少，方便快捷。把规模庞大的资源池服务形成“胖服务”。

**5. 动态分配**

用户可以根据自己的使用量动态调用应用软件、基础设施、平台运行环境等资源，这些资源是作为一种服务向使用者提供的，不需要专业的管理人员辅助用户。云计算提供商有强大的服务管理层，统一优化管理数据中心。“云”实际就是一个功能多、服务全的资源池。

6. 按服务计费

云计算的“即买即用”服务模式是一大业务特色。用户根据租用资源量的大小来支付费用，达到了节省资源和费用的目的。

7. 方便接入

用户可以利用多种终端设备（如个人计算机、笔记本电脑、智能手机或者其他智能终端），即只要设备能通过网络连接到“云”，用户便能即时地通过网络访问云计算服务，而无须知道服务器的具体物理位置及结构。

8. 高可靠性

“云”使用了多种安全措施来保障服务的高可靠性，云计算比本地计算机更可靠。

9. 潜在的危险性

云计算服务除了提供计算服务外，还提供了存储服务。但是云计算服务当前垄断在私人机构（企业）手中，而它们仅仅能够提供商业信用。政府机构、商业机构（特别是像银行这样持有敏感数据的商业机构）对于选择云计算服务应保持足够的警惕。一旦商业用户大规模使用私人机构提供的云计算服务，无论其技术优势有多强，都会不可避免地让这些私人机构以数据（信息）的重要性挟制整个社会。对于信息社会而言，信息是至关重要的。另外，云计算中的数据对于数据所有者以外的其他云计算用户是保密的，但是对于提供云计算的商业机构而言确是毫无秘密可言的。这就像常人不能监听别人的电话，但是电信公司可以随时监听任何电话。所有这些潜在的危险，都是政府机构和商业机构选择云计算服务，特别是国外机构提供的云计算服务时，不得不考虑的一个重要的前提。

### 6.1.4 典型云计算平台介绍

1. Google 的云计算平台

Google 的硬件条件、大型的数据中心以及搜索引擎的支柱应用，促进了 Google 云计算的迅速发展。Google 的云计算主要由 MapReduce、Google 文件系统（Google File System，GFS）、BigTable 组成，它们是 Google 内部云计算基础平台的 3 个主要部分。Google 还构建了其他的云计算组件，包括领域描述语言以及分布式锁服务机制等。Sawzall 是一种建立在 MapReduce 基础上的领域语言，专门用于大规模的信息处理。Chubby 是一个高可用、分布式数据锁服务，当有机器失效时，Chubby 使用 Paxos 算法来保证备份。

（1）Google 文件系统

为了满足 Google 迅速增长的数据处理需求，Google 设计并实现了 Google 文件系统。Google 文件系统与过去的分布式文件系统拥有许多相同的目标，如性能、可伸缩性、可靠性以及可用性。然而，它的设计还受到 Google 应用负载和技术环境的影响。主要体现在以下 4 个方面。

① 集群中的节点失效是一种常态，而不是一种异常。由于参与运算与处理的节点数目非常庞大，通常会使用上千个节点进行共同计算，因此，每时每刻总会有节点处在失效状态。需要通过软件程序模块，监视系统的动态运行状况，侦测错误，并且将容错以及自动恢复系统集成在系统中。

② Google 系统中的文件大小与通常文件系统中的文件大小概念不一样，文件大小通常以 G 字节计。另外文件系统中的文件含义与通常文件不同，一个大文件可能包含大量数目的通常意义上的小文件。所以，设计预期和参数，如 I/O 操作和块尺寸等都要重新考虑。

③ Google 文件系统中的文件读写模式和传统的文件系统不同。在 Google 应用（如搜索）中对大部分文件的修改，不是覆盖原有数据，而是在文件尾追加新数据。对文件的随机写是几乎不存在的。对于这类巨大文件的访问模式，客户端对数据块缓存失去了意义，追加操作成为性能优化和原子性（把一个事务看作是一个程序，它要么被完整地执行，要么完全不执行）保证的焦点。

④ 文件系统的某些具体操作不再透明，而且需要应用程序的协助完成，应用程序和文件系统 API 的协同设计提高了整个系统的灵活性。例如，放松了对 GFS 一致性模型的要求，这样不用加重应用程序的负担，就大大简化了文件系统的设计。还引入了原子性的追加操作，这样多个客户端同时进行追加的时候，就不需要额外的同步操作了。

（2）MapReduce 分布式编程环境

为了让内部非分布式系统方向背景的员工能够有机会将应用程序建立在大规模的集群基础之上，Google 还设计并实现了一套大规模数据处理的编程规范 Map/Reduce 系统。这样，非分布式专业的程序编写人员也能够为大规模的集群编写应用程序，而不用去顾虑集群的可靠性、可扩展性等问题。应用程序编写人员只需要将精力放在应用程序本身，而关于集群的处理问题则交由平台来处理。Map/Reduce 通过 Map（映射）和 Reduce（化简）这样两个简单的概念来参加运算，用户只需要提供自己的 Map 函数以及 Reduce 函数就可以在集群上进行大规模的分布式数据处理。

（3）分布式大规模数据库管理系统 BigTable

构建于上述两项基础之上的第三个云计算平台就是 Google 关于将数据库系统扩展到分布式平台上的 BigTable 系统。很多应用程序对于数据的组织还是非常有规则的。一般来说，数据库对于处理格式化的数据还是非常方便的，但是由于关系数据库的一致性要求，很难将其扩展到很大的规模。为了处理 Google 内部大量的格式化以及半格式化数据，Google 构建了弱一致性要求的大规模数据库系统 BigTable。

**2. 亚马逊的弹性计算云**

亚马逊将自己的弹性计算云建立在公司内部的大规模集群计算的平台上，而用户可以通过弹性计算云的网络界面去操作在云计算平台上运行的各个实例（Instance）。用户使用实例的付费方式由用户的使用状况决定，即用户只需为自己所使用的计算平台实例付费，运行结束后计费也随之结束。这里所说的实例即通信由用户控制的完整的虚拟机运行实例。通过这种方式，用户不必自己去建立云计算平台，节省了设备与维护的费用。

亚马逊是互联网上最大的在线零售商，但是同时它也为独立开发人员以及开发商提供云计算服务平台。亚马逊将它们的云计算平台称为弹性计算云（Elastic Compute Cloud，EC2），它是最早提供远程云计算平台服务的公司。

Amazon EC2 是一个让用户可以租用云计算机运行所需应用的系统。EC2 借由提供 Web 服务的方式让用户可以弹性地运行自己的亚马逊机器镜像文件，用户将可以在这个虚拟机上运行任何自己想要的软件或应用程序。

用户可以随时创建、运行、终止自己的虚拟服务器，使用多少时间算多少钱，也因此这个系统是“弹性”使用的。EC2 让用户可以控制运行虚拟服务器的主机地理位置，这可以让延迟还有备援性最高。例如，为了让系统维护时间最短，用户可以在每个时区都运行自己的虚拟服务器。亚马逊以 Amazon Web Services（AWS）的品牌提供 EC2 的服务。

EC2 的主要特性有以下几点。

（1）灵活性：可自行配置运行的实例类型、数量，还可以选择实例运行的地理位置。可以根据用户的需求随时改变实例的使用数量。

（2）低成本：按小时计费。

（3）安全性：SSH、可配置的防火墙机制、监控等。

（4）易用性：用户可以根据亚马逊提供的模块自由构建自己的应用程序，同时 EC2 还会对用户的服务请求自动进行负载平衡。

（5）容错性：弹性 IP。

3. IBM 的“蓝云”计算平台

“蓝云”解决方案是由 IBM 云计算中心开发的企业级云计算解决方案。该解决方案可以对企业现有的基础架构进行整合，通过虚拟化技术和自动化技术，构建企业自己拥有的云计算中心，实现企业硬件资源和软件资源的统一管理、统一分配、统一部署、统一监控和统一备份，打破应用对资源的独占，从而帮助企业实现云计算理念。

IBM 在 2007 年 11 月 15 日推出了“蓝云”计算平台，为客户带来即买即用的云计算平台。它包括一系列的云计算产品，使得计算不仅仅局限在本地机器或远程服务器农场（即服务器集群），通过架构一个分布式、可全球访问的资源结构，使得数据中心在类似互联网的环境下运行计算。“蓝云”建立在 IBM 大规模计算领域的专业技术基础上，基于由 IBM 软件、系统技术和服务支持的开放标准和开源软件。简单地说，“蓝云”基于 IBM Almaden 研究中心的云基础架构，包括 Xen 和 PowerVM 虚拟化、Linux 操作系统映像、Hadoop 文件系统与并行构建。“蓝云”由 IBM Tivoli 软件支持，通过管理服务器来确保基于需求的最佳性能。这包括通过能够跨越多服务器实时分配资源的软件，为客户带来一种无缝体验，加速性能并确保在最苛刻环境下的稳定性。“蓝云”计算平台由一个数据中心（IBM Tivoli 部署管理软件、IBM Tivoli 监控软件、IBM WebSphere 应用服务器、IBM DB2 数据库）以及一些虚拟化的组件共同组成。

“蓝云”的硬件平台并没有什么特殊的地方，但是“蓝云”使用的软件平台相较于以前的分布式平台具有不同的地方，主要体现在对于虚拟机的使用以及对于大规模数据处理软件 Apache Hadoop 的部署。

（1）“蓝云”中的虚拟化

虚拟化的方式在云计算中可以在两个级别上实现。一个级别是在硬件级别上实现虚拟化。硬件级别的虚拟化可以使用 IBM P 系列的服务器，获得硬件的逻辑分区 LPAR。逻辑分区的 CPU 资源能够通过 IBM Enterprise Workload Manager 来管理。通过这样的方式加上在实际使用过程中的资源分配策略，能够使得相应的资源合理地分配到各个逻辑分区。P 系列系统的逻辑分区最小粒度是 1/10 颗中央处理器。

虚拟化的另外一个级别可以通过软件来获得，在“蓝云”计算平台中使用了 Xen 虚拟化软件。Xen 也是一个开源的虚拟化软件，能够在现有的 Linux 基础之上运行另外一个操作系统，并通过虚拟机的方式灵活地进行软件部署和操作。

通过虚拟机的方式进行云计算资源的管理具有特殊的好处。由于虚拟机是一类特殊的软件，能够完全模拟硬件的执行，因此能够在上面运行操作系统，进而能够保留一整套运行环境语义。这样，可以将整个执行环境通过打包的方式传输到其他物理节点上，这样就能使得执行环境与物理环境隔离，方便整个应用程序模块的部署。总体上来说，通过将虚拟化的技术应用到云计算的平台，可以获得一些良好的特性。

① 云计算的管理平台能够动态地将计算平台定位到所需要的物理平台上，而无须停止运行在虚拟机平台上的应用程序，这比采用虚拟化技术之前的进程迁移方法更加灵活。

② 能够更加有效率地使用主机资源，将多个负载不是很重的虚拟机计算节点合并到同一个物理节点上，从而能够关闭空闲的物理节点，达到节约电能的目的。

③ 通过虚拟机在不同物理节点上的动态迁移，能够获得与应用无关的负载平衡性能。由于虚拟机包含了整个虚拟化的操作系统以及应用程序环境，因此在进行迁移的时候带着整个运行环境，达到了与应用无关的目的。

④ 在部署上也更加灵活，即可以将虚拟机直接部署到物理计算平台当中。

（2）“蓝云”中的存储结构

“蓝云”计算平台中的存储体系结构对于云计算来说也是非常重要的，无论是操作系统、服务程序，还是用户应用程序中的数据都保存在存储体系中。云计算并不排斥任何一种有用的存储体系结构，而是需要跟应用程序的需求结合起来获得好的性能提升。总体上来说，云计算的存储体系结构包含类似于 Google File System 的集群文件系统以及基于块设备方式的存储区域网络 SAN 两种方式。

在设计云计算平台的存储体系结构的时候，不仅仅需要考虑存储的容量。实际上随着硬盘容量的不断扩充以及硬盘价格的不断下降，使用当前的磁盘技术，可以很容易通过使用多个磁盘的方式获得很大的磁盘容量。相较于磁盘的容量，在云计算平台的存储中，磁盘数据的读写速度是一个更重要的问题。单个磁盘的速度很有可能限制应用程序对于数据的访问，因此在实际使用的过程中，需要将数据分布到多个磁盘之上，并且通过对于多个磁盘的同时读写以达到提高速度的目的。在云计算平台中，数据如何放置是一个非常重要的问题，在实际使用的过程中，需要将数据分配到多个节点的多个磁盘当中。而能够达到这一目的的存储技术趋势当前有两种方式，一种是使用类似于 Google File System 的集群文件系统，另外一种是基于块设备的存储区域网络 SAN 系统。

Google 文件系统在前面已经做过一定的描述。在 IBM 的“蓝云”计算平台中使用的是它的开源实现 Hadoop HDFS（Hadoop Distributed File System）。这种使用方式将磁盘附着于节点的内部，并且为外部提供一个共享的分布式文件系统空间，并且在文件系统级别做冗余以提高可靠性。在合适的分布式数据处理模式下，这种方式能够提高总体的数据处理效率。Google 文件系统的这种架构与 SAN 系统有很大的不同。

SAN 系统也是云计算平台的另外一种存储体系结构的选择，在“蓝云”平台上也有一定的体现，IBM 也提供 SAN 的平台接入“蓝云”计算平台中。

SAN 系统是在存储端构建存储的网络，将多个存储设备构成一个存储区域网络。前端的主机可以通过网络的方式访问后端的存储设备。而且，由于提供了块设备的访问方式，与前端操作系统无关。在 SAN 的连接方式上，可以有多种选择。一种选择是使用光纤网络，能够操作快速的光纤磁盘，适合于对性能与可靠性要求比较高的场所。另外一种选择是使用以太网，采取 iSCSI 协议，能够运行在普通的局域网环境下，从而降低了成本。由于存储区域网络中的磁盘设备并没有与某一台主机绑定在一起，而是采用了非常灵活的结构，因此对于主机来说可以访问多个磁盘设备，从而能够获得性能的提升。在存储区域网络中，使用虚拟化的引擎来进行逻辑设备到物理设备的映射，管理前端主机到后端数据的读写。因此虚拟化引擎是存储区域网络中非常重要的管理模块。

SAN 系统与分布式文件系统如 Google File System 并不是相互对立的系统，而是在构建集群系统的时候可供选择的两种方案。其中，在选择 SAN 系统的时候，为了应用程序的读写，还需要为应用程序提供上层的语义接口，此时就需要在 SAN 之上构建文件系统。而 Google File System 正好是一个分布式的文件系统，因此能够建立在 SAN 系统之上。总体来说，SAN 与分布式文件系统都可以提供类似的功能，如对于出错的处理等。至于如何使用还是需要由建立在云计算平台之上的应用程序来决定。

与 Google 不同的是，IBM 并没有基于云计算提供外部可访问的网络应用程序。这主要是由于 IBM 并不是一个网络公司，而是一个 IT 的服务公司。当然，IBM 内部以及 IBM 未来为客户提供的软件服务会基于云计算的架构。

**4. 微软云计算平台：Windows Azure**

Windows Azure 是微软基于云计算的操作系统，和 Azure Services Platform 一样，是微软“软件和服务”技术的名称。Windows Azure 的主要目标是为开发者提供一个平台，帮助开发可运行在云服务器、数据中心、Web 和 PC 上的应用程序。云计算的开发者能使用微软全球数据中心的储存、计算能力和网络基础服务。Azure 服务平台包括了以下主要组件：Windows Azure，Microsoft SQL 数据库服务，Microsoft.Net 服务，用于分享、储存和同步文件的 Live 服务，针对商业的 Microsoft SharePoint 和 Microsoft Dynamics CRM 服务。

The Azure Services Platform（Azure）是一个互联网级的运行于微软数据中心系统上的云计算服务平台，它提供操作系统和可以单独或者一起使用的开发者服务。Azure 是一种灵活的、支持互操作的平台，它可以被用来创建云中运行的应用或者通过基于云的特性来加强现有应用。它开放式的架构给开发者提供了 Web 应用、互联设备的应用、个人计算机、服务器或者提供最优在线复杂解决方案的选择。

Windows Azure 以云技术为核心，提供了软件+服务的计算方法。它是 Azure 服务平台的基础。Azure 用于帮助开发者开发可以跨越云端和专业数据中心的下一代应用程序，在 PC、Web 和手机等各种终端间创造完美的用户体验。

Azure 能够将处于云端的开发者个人能力，同微软全球数据中心网络托管的服务，比如存储、计算和网络基础设施服务，紧密结合起来。这样，开发者就可以在“云端”和“客户端”同时部署应用，使得企业与用户都能共享资源。

Windows Azure 是专为在微软建设的数据中心管理所有服务器、网络以及存储资源所开发的一种特殊版本 Windows Server 操作系统，它具有针对数据中心架构的自我管理（Autonomous）机能，可以自动监控划分在数据中心数个不同的分区（微软将这些分区称为 Fault Domain）的所有服务器与存储资源，自动更新补丁，自动运行虚拟机部署与镜像备份（Snapshot Backup）等能力，Windows Azure 被安装在数据中心的所有服务器中，并且定时和中控软件 Windows Azure Fabric Controller 进行沟通，接收指令以及回传运行状态数据等，系统管理人员只要通过 Windows Azure Fabric Controller 就能够掌握所有服务器的运行状态。

Fabric Controller 融合了很多微软系统的管理技术，包括对虚拟机的管理（System Center Virtual Machine Manager）、对作业环境的管理（System Center Operation Manager），以及对软件部署的管理（System Center Configuration Manager）等，如此才能够形成通过 Fabric Controller 来管理在数据中心中所有服务器的能力。

Azure 服务平台的设计目标是用来帮开发者更容易地创建 Web 和互联设备的应用程序。它提供了最大限度的灵活性、选择和使用现有技术连接用户和客户的控制。Windows Azure 服务平台现在已经包含如下功能：网站、虚拟机、云服务、移动应用服务、大数据支持以及媒体功能的支持。

### 6.1.5 云计算分类

#### 1. 按云的部署模式和云的使用范围进行分类

云计算按云的部署模式和云的使用范围进行分类可分为 3 种：公有云、私有云和混合云。

（1）公有云：公有云是由若干企业和用户共享使用的云环境。在公有云中，用户所需的服务由一个独立的、第三方云提供商提供。该云提供商也同时为其他用户服务，这些用户共享这个云提供商所拥有的资源。

（2）私有云：私有云是由某个企业或组织独立构建和使用的云环境。私有云中，用户是这个企业或组织的内部成员，这些成员共享着该云计算环境所提供的所有资源，公司或组织以外的用户无法访问这个云计算环境提供的服务。

（3）混合云：指公有云与私有云的混合。

一般来说，对安全性、可靠性及 IT 可监控性要求高的公司或组织，如金融机构、政府机关、大型企业等，是私有云的潜在使用者。因为它们已经拥有了规模庞大的 IT 基础设施，因此只需进行少量的投资，将自己的 IT 系统升级，就可以拥有云计算带来的灵活与高效，同时有效地避免使用公有云可能带来的负面影响。除此之外，它们也可以选择混合云，将一些对安全性和可靠性要求相对较低的应用（如人力资源管理等）部署在公有云上，以减轻对自身 IT 基础设施的负担。相关分析指出，一般中小型企业和创业公司会选择公有云，而金融机构、政府机关和大型企业则更倾向于选择私有云或混合云。

#### 2. 按云计算的服务层次和服务类型进行分类

云计算按服务层次和服务类型进行分类可分为 3 种：IaaS（基础设施即服务）、PaaS（平台即服务）和 SaaS（软件即服务）。

IaaS 就是给使用者提供最简单的计算存储和网络等能力，让用户自己搭建自己的业务平台。

PaaS 在云计算平台之上抽象出一些比较简单易用的接口和能力，让用户能够在这个平台上快速搭建自己的应用。

SaaS 把应用或者软件作为服务传送给用户，用户可以通过任何网络设备使用这个程序。

### 6.1.6 云计算体系架构

结合目前云计算的应用与研究，其体系架构可以分为核心服务层、服务管理层及用户访问接口层，如图 6-1 所示。

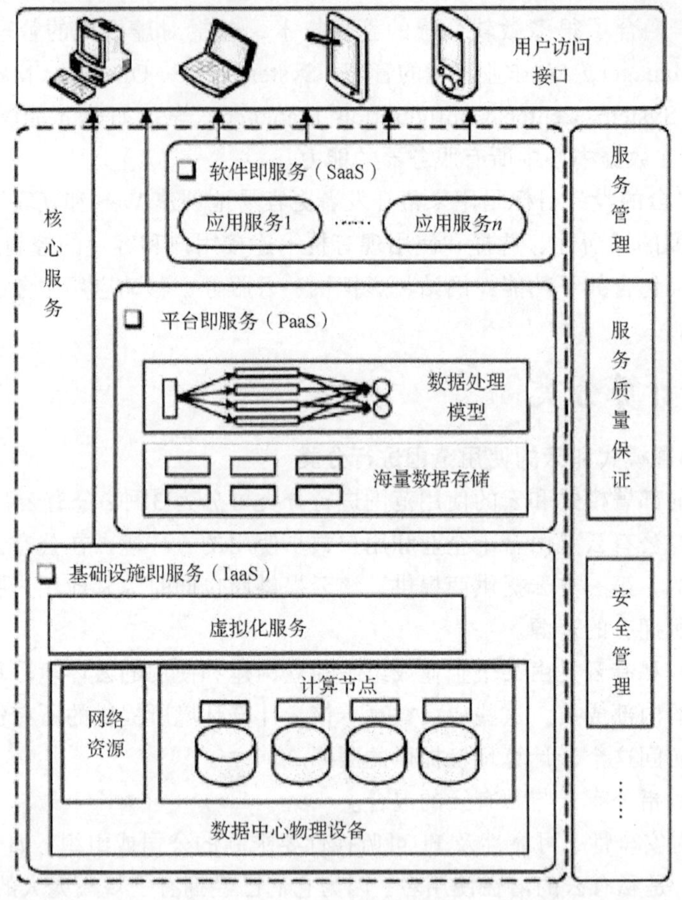


图 6-1　云计算体系架构

### 1. 核心服务层

云计算为了能让企业高效地完成工作，通常采用 3 种服务模型：基础设施即服务（IaaS）、平台即服务（PaaS）和软件即服务（SaaS）。

（1）IaaS

在云计算服务模型最底部的一层是 IaaS，它代表的含义是，无论是企业机构还是个人用户都能够通过运用云计算技术去实现高效利用云环境中各种计算资源的目标。计算主机、存储中心和通信网络等共同构建出 IaaS 的基础设施。云计算所特有的虚拟化技术则可以让 IaaS 为客户带来数据信息存储、海量数据计算、负载均衡监管和重要数据备份等专属定制服务。现在像微软、Google 和惠普这样的 IT 企业已经能够依靠虚拟化技术将各种计算资源汇聚在一起形成资源池，客户则可以根据自己的实际需要从资源池选取适合的服务。IaaS 除了可以提供超强处理能力，还拥有把云计算资源按需排列重新组合和安装在 IaaS 里的应用程序动态部署的能力。由于 IaaS 的存在，使用者能够快速具有 DevOps 的能力。只需依据业务的实际需求，选取计算机资源和中间件模型，通过配置、封装以及打包等操作，在极短的时间内就能够迅速完成全新 IT 产品的交付工作。IaaS 赋予 IT 企业一种更新性的运营职能，IT 企业不仅仅是一个运维平台，还是一个运营平台，能够不间断地给不同客户进行交换服务。

IaaS 的应用目前已经成熟，各大企业都已建立大数据中心。一些大的 IaaS 公司，如亚马逊、微软、VMware、Rackspace 和 Red Hat 等又都有自己的专长，例如，亚马逊和微软提供的不只是 IaaS，它们还会将其计算能力出租给用户。

（2）PaaS

在云计算服务模型的中间一层是 PaaS，它代表的是一个功能完备的云计算资源平台，为企业用户带来设计、开发、测试、维护和托管等服务项目。PaaS 依靠托管业务能够拥有编程模型、身份认证、数据库管理、访问控制、系统管理以及数据挖掘等多种选项操作。云计算服务商利用开发模型以及编程代码对互联网中应用开发者公开，以求云计算平台里各种云服务程序能够实时的优化和更新。企业客户同样可以使用 GAE 这类开发模型，设计研发适合业务实际需求的应用程序，同时部署到云平台中给企业内部技术人员共享使用。PaaS 对企业信息化的实现具有十分重要的意义，这是因为它可以从本质上减少试错成本。无论是何种企业，如果想要技术创新就一定是在规模巨大的试错的前提下，这无形中会使成本增加。PaaS 可以说是提升试错功效的重要方式,并且把开发者的全部注意力都放在处理业务的具体细节上。PaaS 的经典应用案例包括微软研发的 Azure 平台，Azure 可以将互联网中研发人员的编程能力与微软服务中心所提供的计算存储产品有机地结合在一起。PaaS 本身不但具有非常不错的市场推广普及条件，还可以有效地带动 SaaS，和它一起协同进步。

常见的 PaaS 应用和供应者有 Google App Engine、Microsoft Azure、Force.com、Heroku、Engine Yard 等。

（3）SaaS

在云计算服务模型最顶部的一层是 SaaS，它可以使企业客户不必把应用软件部署到客户自己的硬件服务器中。SaaS 能够依照服务等级协议并经过互联网为企业客户快速和直接地带来符合企业级业务需求的软件应用服务。只要有互联网覆盖的地方，企业客户就能够在任意 PC 硬件设备中享受到 SaaS 所提供的服务。SaaS 能够实现应用程序快速部署配置，并且通过基础设施共享，企业客户不必把过多的精力和费用耗费在基础设施维护工作上。SaaS 采用的是订阅付费的方式，企业客户没有必要购买应用软件认证证书，同时也不用负责基础设施的构建工作，这可以在一定程度上降低企业客户的运营成本。SaaS 的应用软件是针对解决不同实际问题进行开发设计的，因此其拥有很强的专业性。SaaS 作为将来软件行业发展的必然模式，目前已经应用到电子商务、在线教育、行政审批以及医疗服务等不同的领域。

常见的 SaaS 的应用有 Google Calendar、Gmail、IBM LotusLive、Salesforce.com 和 Sugar CRM 等。

**2. 服务管理层**

服务管理层主要负责保障核心服务层的安全性、可靠性及可用性，具体分为服务质量的保证和安全管理等多个方面的内容。

云计算平台规模庞大且系统结构复杂，很难保证用户所要求的服务质量。因此，云计算服务提供商常需围绕服务质量与用户进行有效地协商，并通过服务水平协议的形式，列出双方的服务需求，使得服务提供商与用户能够达成统一的质量要求标准。如提供商未能遵照协议提供相应质量的服务，用户可依据协议内容获得赔偿。

由于云计算会将用户的所有数据都存储于云端服务器，这就使用户非常关心数据的安全问题。服务管理层若采用资源集中式管理模式会导致云计算平台出现单点失效问题，即发生停电、地震等突发事故时，可能会导致数据中心的数据丢失。保存在云端的数据可能会因为多种原因发生数据丢失以及数据泄露的危险。根据云计算服务的特点，云计算平台还应加强个性化安全管理，利用隐私保护、数据隔离等技术，提高平台使用的安全性。

**3. 用户访问接口层**

用户访问接口实现了云计算服务的泛在访问。它所提供的泛在访问服务既能够为终端设备提供应用程序开发接口，又能够实现多种服务的组合应用。用户访问接口层中所包含的Web门户形式，能够实现桌面程序到互联网的移植，从而提高程序的易用性，为用户带来方便，提高用户的工作效率。

# 6.2 云计算的关键技术

云计算的目标是以低成本的方式提供高可靠、高可用、规模可伸缩的个性化服务。为了达到这个目标，需要数据中心管理、虚拟化、海量数据处理、资源管理与调度、QoS保证、安全与隐私保护等若干关键技术加以支持。云计算的关键技术有：虚拟化技术、分布式海量数据存储、海量数据管理技术、编程方式以及云计算平台管理技术等。

## 6.2.1 虚拟化技术

虚拟化（Virtualization）是云计算最重要的核心技术之一，它为云计算服务提供基础架构层面的支撑，是ICT（Information and Communication Technology，信息和通信技术）服务快速走向云计算的主要驱动力。可以说，没有虚拟化技术也就没有云计算服务的落地与成功。随着云计算应用的持续升温，业内对虚拟化技术的重视也提到了一个新的高度。

虚拟化是一个广义的术语，简单来说，是指计算机的相关模块在虚拟的基础上（而不是在真实的、独立的物理硬件基础上）运行。这种把有限的固定资源根据不同需求进行重新规划以达到最大利用率的思路，从而实现简化管理、优化资源等目的的解决方案，就叫作虚拟化技术。

**1. 虚拟化的概念**

（1）虚拟化是以用户和应用程序都可以很容易地从中获益的方式来表示计算机资源的过程，而不是根据这些资源的实现、地理位置或物理包装的专有方式来表示它们。换句话说，它为数据、计算能力、存储资源以及其他资源提供了一个逻辑视图，而不是物理视图。

（2）虚拟化是表示计算机资源的逻辑组（或子集）的过程，这样就可以用从原始配置中获益的方式访问它们。这种资源的新虚拟视图不受地理位置或底层资源的物理配置的限制。

（3）虚拟化是对一组类似资源提供一个通用的抽象接口集，从而隐藏属性和操作之间的差异，并允许通过一种通用的方式来查看并维护资源。

**2. 虚拟化技术的分类**

虚拟化技术经过数年的发展，已经成为一个庞大的技术家族，其技术形式种类繁多，实现的应用也有一个体系。但其分类一般介绍不够清晰准确。如将服务器虚拟化、硬件虚拟化、CPU虚拟化相提并论，但其实它们都属一个类别，只是按不同属性分类得出的不同名称。下面按照不同属性，对虚拟化做一个分类。

以实现层次来划分：硬件虚拟化、操作系统虚拟化、应用程序虚拟化。

以被应用的领域来划分：服务器虚拟化、存储虚拟化、应用虚拟化、平台虚拟化、桌面虚拟化。

（1）从实现层次来划分

① 基于硬件的虚拟化。

硬件虚拟化就是用软件来虚拟一台标准计算机的硬件配置，如CPU、内存、硬盘、声卡、显卡、光驱等，成为一台虚拟的裸机，然后就可以在上面安装操作系统了。使用时，先在操作系统里安装一个硬件虚拟化软件，用其虚拟出一台计算机，再安装系统，做到“系统里运行系统”，并可虚拟出多台计算机，安装多个相同或不同的系统。其代表产品有VMware、Virtual PC、VirtualBox等。

② 基于操作系统的虚拟化。

操作系统虚拟化就是以一个系统为母体，复制出多个系统。它比硬件虚拟化更灵活、方便，只需在系统里装一个虚拟化软件，就能以原系统为样本很快复制出系统，复制出的系统与原系统除一些ID标识外，其余都一样。

操作系统的虚拟化与硬件虚拟化有很多不同之处。

- 操作系统虚拟化是以原系统为样本，虚拟出一个近乎一模一样的系统；硬件虚拟化是虚拟硬件环境，然后真实地安装系统。它们虚拟的内容不一样。
- 操作系统虚拟化虚拟的系统都只能为同样的系统；硬件虚拟化虚拟的系统可以为不同的系统，如Linux、Windows家族。
- 操作系统虚拟化虚拟的多个系统有较强的联系；硬件虚拟化虚拟的多个系统是相互独立的，与原系统也无联系，原系统的损坏不会殃及虚拟的系统。
- 操作系统虚拟化的性能损耗低，它们都是虚拟的系统，而非硬件虚拟化那样真实安装实体，没有硬件虚拟化的虚拟硬件层，也大大降低了性能损耗。

③ 基于应用程序的虚拟化。

操作系统虚拟化技术和硬件虚拟化技术大多应用于企业、服务器和一些IT专业工作领域。随着虚拟化技术的发展，其逐渐从企业往个人、往大众应用的方向发展，便出现了应用程序虚拟化技术，简称应用虚拟化。

前两种虚拟化的目的是虚拟完整的、真实的操作系统，应用虚拟化的目的虽然也是虚拟操作系统，但只为保证应用程序的正常运行而虚拟系统的某些关键部分，如注册表、C盘环境等，所以较为轻量、小巧。

应用虚拟化技术的兴起最早也是从企业市场而来。一个软件被打包后，通过局域网将其方便地分发到企业的几千台计算机上去，不用安装，直接使用，大大降低了企业的IT成本。

应用虚拟化技术应用到个人领域，可以实现很多非绿色软件的移动使用，如CAD、3ds Max、Office等，可以让软件免去重装的烦恼，既有绿色软件的优点，又在应用范围和体验上超越了绿色软件。

（2）从被应用的领域来划分

① 服务器虚拟化。

服务器虚拟化技术可以将一个物理服务器虚拟成若干个服务器使用，如图6-2所示。服务器虚拟化是基础设施即服务（Infrastructure as a Service，IaaS）的基础。

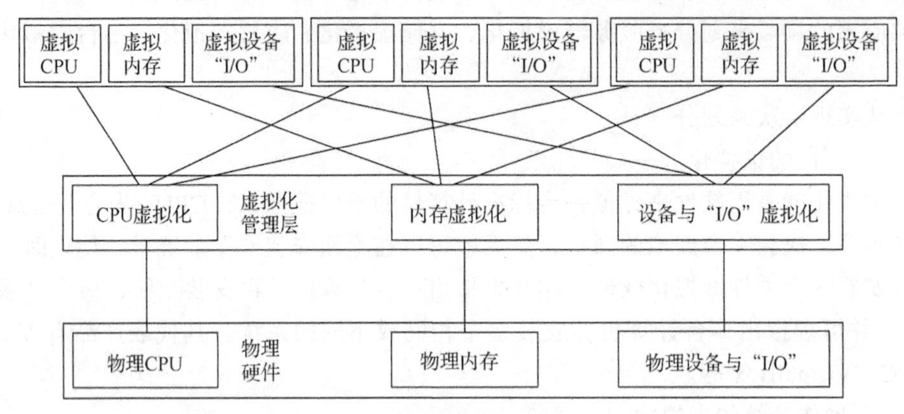


图 6-2 服务器虚拟化

服务器虚拟化需要具备以下功能和技术。

- 多实例：在一个物理服务器上可以运行多个虚拟服务器。
- 隔离性：在多实例的服务器虚拟化中，一个虚拟机与其他虚拟机完全隔离，可以保证良好的可靠性及安全性。
- CPU 虚拟化：把物理 CPU 抽象成虚拟 CPU，无论任何时候一个物理 CPU 只能运行一个虚拟 CPU 的指令。而多个虚拟机同时提供服务将会大大提高物理 CPU 的利用率。
- 内存虚拟化：统一管理物理内存，将其包装成多个虚拟的物理内存分别供给若干个虚拟机使用，使得每个虚拟机拥有各自独立的内存空间，互不干扰。
- 设备与 I/O 虚拟化：统一管理物理机的真实设备，将其包装成多个虚拟设备给若干个虚拟机使用，响应每个虚拟机的设备访问请求和 I/O 请求。
- 无知觉故障恢复：运用虚拟机之间的快速热迁移技术（Live Migration），可以使一个故障虚拟机上的用户在没有明显感觉的情况下迅速转移到另一个新开的正常虚拟机上。
- 负载均衡：利用调度和分配技术，平衡各个虚拟机和物理机之间的利用率。
- 统一管理：由多个物理服务器支持的多个虚拟机的动态实时生成、启动、停止、迁移、调度、负荷、监控等应当有一个方便易用的统一管理界面。
- 快速部署：整个系统要有一套快速部署机制，以便对多个虚拟机及上面的不同操作系统和应用进行高效部署、更新和升级。

② 存储虚拟化。

存储虚拟化（Storage Virtualization）最通俗的理解就是对存储硬件资源进行抽象化表现。通过将一个（或多个）目标（Target）服务或功能与其他附加的功能集成，统一提供有用的全面功能服务。典型的存储虚拟化包括如下一些情况：屏蔽系统的复杂性，增加或集成新的功能，仿真、整合或分解现有的服务功能等。存储虚拟化是作用在一个或者多个实体上的，而这些实体则是用来提供存储资源及服务的，如图 6-3 所示。

存储虚拟化具有以下功能和特点。

- 集中存储：存储资源统一整合管理，集中存储，形成数据中心模式。
- 分布式扩展：存储介质易于扩展，由多个异构存储服务器实现分布式存储，以统一模式访问虚拟化后的用户接口。

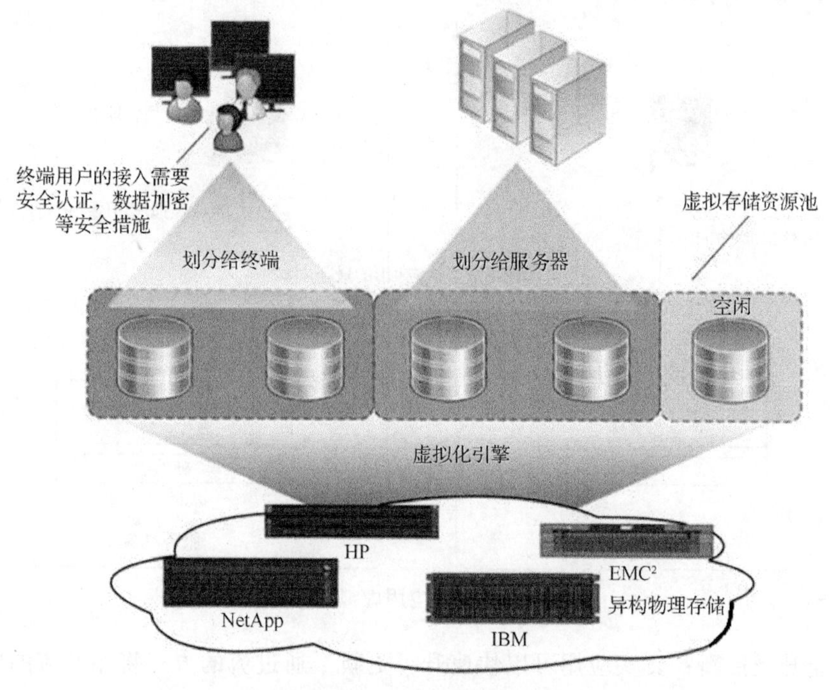


图 6-3 存储虚拟化

- 绿色环保：服务器和硬盘的耗电量巨大，为提供全时段数据访问，存储服务器及硬盘不可以停机。但为了节能减排、绿色环保，需要利用更合理的协议和存储模式，尽可能减少开启服务器和硬盘的次数。
- 虚拟本地硬盘：存储虚拟化应当便于用户使用，最方便的形式是将云存储系统虚拟成用户本地硬盘，使用方法与本地硬盘相同。
- 安全认证：新建用户加入云存储系统前，必须经过安全认证并获得证书。
- 数据加密：为保证用户数据的私密性，将数据存储到云存储系统时必须加密。加密后的数据除被授权的特殊用户外，其他人一概无法解密。
- 层级管理：支持层级管理模式，即上级可以监控下级的存储数据，而下级无法查看上级或平级的数据。

③ 应用虚拟化。

应用虚拟化是把应用对底层系统和硬件的依赖抽象出来，从而解除应用与操作系统和硬件的耦合关系。应用程序运行在本地应用虚拟化环境中时，这个环境为应用程序屏蔽了底层可能与其他应用产生冲突的内容，如图 6-4 所示。应用虚拟化是 SaaS 的基础。

应用虚拟化需要具备以下功能和特点。

- 解耦合：利用屏蔽底层异构性的技术解除虚拟应用与操作系统和硬件的耦合关系。
- 共享性：应用虚拟化可以使一个真实应用运行在任何共享的计算资源上。
- 虚拟环境：应用虚拟化为应用程序提供了一个虚拟的运行环境，不仅拥有应用程序的可执行文件，还包括所需的运行环境。
- 兼容性：虚拟应用应屏蔽底层可能与其他应用产生冲突的内容，从而使其具有良好的兼容性。

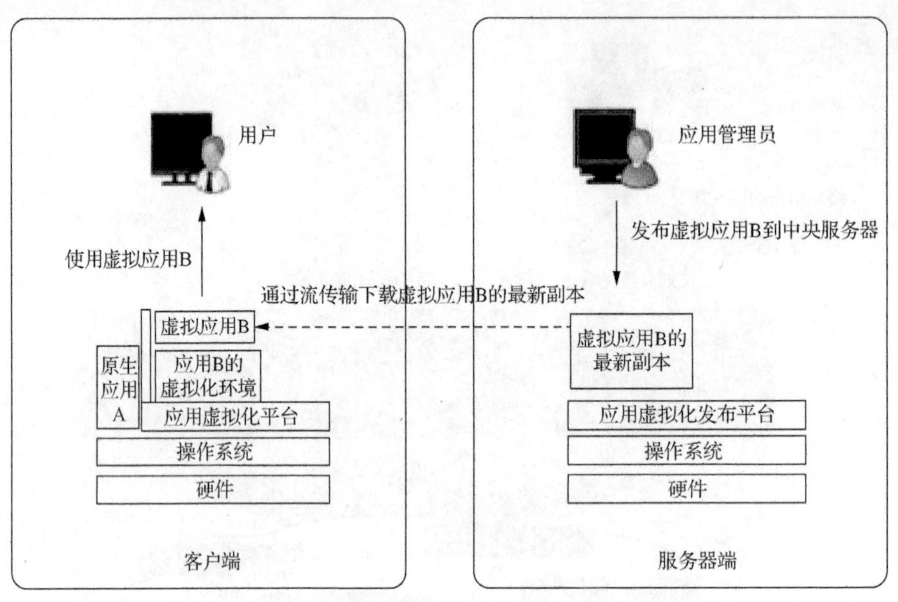


图 6-4 应用虚拟化

- 快速升级更新：真实应用可以快速升级更新，通过流的方式将相对应的虚拟应用及环境快速发布到客户端。
- 用户自定义：用户可以选择自己喜欢的虚拟应用的特点及其所支持的虚拟环境。

④ 平台虚拟化。

平台虚拟化是集成各种开发资源虚拟出的一个面向开发人员的统一接口，软件开发人员可以方便地在这个虚拟平台中开发各种应用并嵌入云计算系统中，使其成为新的云服务供用户使用，如图 6-5 所示。

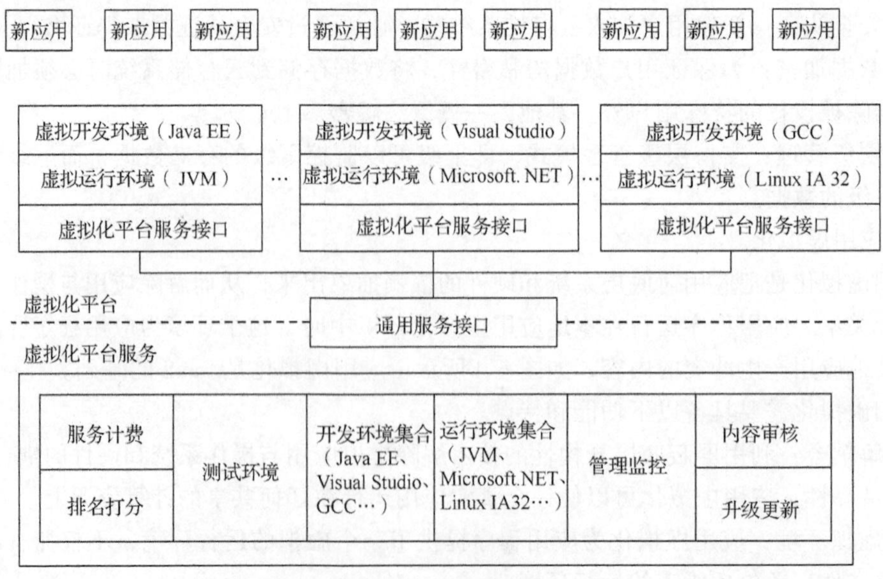


图 6-5 平台虚拟化

平台虚拟化具备以下功能和特点。

- 通用服务接口：支持各种通用的开发工具及由其开发的软件，如 C、C++、Java、C#、Delphi、Basic 等。
- 内容审核：各种开发软件（服务）在接入平台前都会进行严格审核，包括上传人的身份认证，以保证软件及服务非盗版、无病毒。
- 测试环境：一项服务在正式推出之前必须在一定的测试环境中经过完整的测试。
- 服务计费：完整、合理的计费系统可以保证服务提供人获得准确的收入，而虚拟平台也可以得到一定比例的管理费。
- 排名打分：有一整套完整、合理的打分机制对各种服务进行排名打分。排名需要给用户客观的指导性意见，严禁有误导用户的行为。
- 升级更新：允许服务提供者不断完善自己的服务，平台要提供完善的升级更新机制。
- 管理监控：整个平台需要有一套完善的管理监控体系以防出现非法行为。

⑤ 桌面虚拟化。

桌面虚拟化将用户的桌面环境与其使用的终端设备解耦。服务器上存放的是每个用户的完整桌面环境。用户可以使用具有足够处理和显示功能的不同终端设备，通过网络访问该桌面环境，如图 6-6 所示。

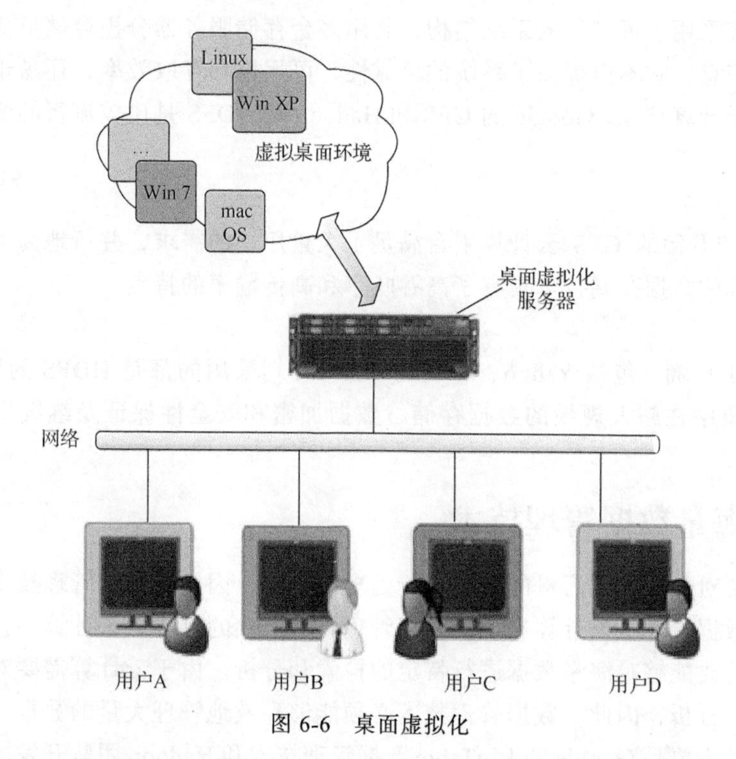


图 6-6　桌面虚拟化

桌面虚拟化具有如下功能和接入标准。

- 集中管理维护：集中在服务器端管理和配置 PC 环境，以及其他客户端需要的软件，可以对企业数据、应用和系统进行集中管理、维护和控制，以减少现场支持工作量。
- 使用连续性：确保终端用户下次在另一个虚拟机上登录时，依然可以继续以前的配置和存储文件内容，让使用具有连续性。
- 故障恢复：桌面虚拟化是用户的桌面环境被保存为一个个虚拟机，通过对虚拟机进行快照和备份，就可以快速恢复用户的故障桌面，并实时迁移到另一个虚拟机上继续进行工作。

- 用户自定义：用户可以选择自己喜欢的桌面操作系统、显示风格、默认环境，以及其他的自定义功能。

从本质上讲，云计算带来的是虚拟化服务。从虚拟化到云计算的过程，实现了跨系统的资源动态调度，将大量的计算资源组成 IT 资源池，用于动态创建高度虚拟化的资源供用户使用，从而最终实现应用、数据和 IT 资源以服务的方式通过网络提供给用户，以前所未有的速度和更加弹性的模式完成任务。

## 6.2.2 分布式海量数据存储技术

云计算能够快速、高效地处理海量的数据。为了保证数据的高可靠性，云计算通常会采用分布式存储技术，将数据存储在不同的物理设备中。这种模式不仅摆脱了云主机硬件设备的限制，同时扩展性更好，能够快速响应用户需求的变化。

分布式存储与传统的网络存储并不完全一样，传统的网络存储系统采用集中的存储服务器存放所有数据，存储服务器成为系统性能的瓶颈，不能满足大规模存储应用的需要。分布式网络存储系统采用了可扩展的系统结构，利用多台存储服务器分担存储负荷，利用位置服务器定位存储信息，它不但提高了系统的可靠性、可用性和存取效率，还易于扩展。

在当前的云计算领域，Google 的 GFS 和 Hadoop 的 HDFS 是比较流行的两种云计算分布式存储系统。

（1）GFS

Google 的非开源的 GFS 云计算平台满足了大量用户的需求，并行地为大量用户提供服务。使得云计算的数据存储技术具有了高吞吐率和高传输率的特点。

（2）HDFS

大部分 ICT 厂商，包括 Yahoo、Intel 的“云”计划采用的都是 HDFS 的数据存储技术。未来的发展将集中在超大规模的数据存储、数据加密和安全性保证及继续提高 I/O 速率等方面。

## 6.2.3 海量数据管理技术

云计算需要对分布的、海量的数据进行处理、分析，因此，数据管理技术必须能够高效地管理大量的数据。对于云计算来说，数据管理面临巨大的挑战。云计算不仅要保证数据的存储和访问，还要能够对海量数据进行特定的检索和分析。由于云计算需要对海量的分布式数据进行处理、分析，因此，数据管理技术必须能够高效地管理大量的数据。云计算系统中的数据管理技术主要是 Google 的 BigTable 数据管理技术和 Hadoop 团队开发的开源数据管理模块 HBase。由于云数据存储管理形式不同于传统的 RDBMS 数据管理方式，如何在规模巨大的分布式数据中找到特定的数据，是云计算数据管理技术必须解决的问题。

（1）BT（BigTable）数据管理技术

BigTable 是非关系的数据库，是一个分布式的、持久化存储的多维度排序 Map。BigTable 建立在 GFS、Scheduler、Lock Service 和 MapReduce 之上，与传统的关系数据库不同，它把所有数据都作为对象来处理，形成一个巨大的表格，用来分布存储大规模结构化数据。

BigTable 的设计目的是为了可靠地处理 PB 级别的数据，并能将之部署到上千台机器上。

（2）开源数据管理模块 HBase

HBase 是 Apache 的 Hadoop 项目的子项目，定位于分布式、面向列的开源数据库。HBase 不同于一般的关系数据库，它是一个适合于非结构化数据存储的数据库，且 HBase 是基于列而不是基于行的模式。作为高可靠性分布式存储系统，HBase 在性能和可伸缩方面都有比较好的表现。利用 HBase 技术可在廉价的 PC Server 上搭建一个大规模结构化的存储集群。

### 6.2.4　并行编程技术

为了高效地利用云计算的资源，使用户能更轻松地享受云计算带来的服务，云计算必须保证后台复杂的并行执行和任务调度向用户及编程人员透明。云计算采用 MapReduce 编程模式，将任务自动分成多个子任务，通过 Map 和 Reduce 实现任务在大规模计算节点中的调度与分配。

MapReduce 最早是由 Google 公司提出的一种面向大规模数据处理的并行计算模型和方法。Google 公司设计 MapReduce 的初衷主要是为了解决其搜索引擎中大规模网页数据的并行化处理。Google 公司发明了 MapReduce 之后，首先用其重新改写了搜索引擎中的 Web 文档索引处理系统。但由于 MapReduce 可以普遍应用于很多大规模数据的计算问题，因此自发明 MapReduce 以后，Google 公司内部进一步将其广泛应用于很多大规模数据处理问题。到目前为止，Google 公司内有上万个不同的算法问题和程序都使用了 MapReduce 进行处理。2003 年和 2004 年，Google 公司在国际会议上分别发表了两篇关于 Google 分布式文件系统和 MapReduce 的论文，公布了 Google 的 GFS 和 MapReduce 的基本原理及主要的设计思想。2004 年，开源项目 Lucene（搜索索引程序库）和 Nutch（搜索引擎）的创始人道格·卡廷（Doug Cutting）发现 MapReduce 正是其所需要的解决大规模 Web 数据处理的重要技术，因而模仿 Google MapReduce，基于 Java 设计开发了一个称为 Hadoop 的开源 MapReduce 并行计算框架和系统。自此，Hadoop 成为 Apache 开源组织下最重要的项目，自其推出后很快得到了全球学术界和工业界的普遍关注，并得到推广和普及应用。

MapReduce 的推出给大数据并行处理带来了巨大的革命性影响，使其成为事实上的大数据处理的工业标准。尽管 MapReduce 还有很多局限性，但人们普遍认为，MapReduce 是到目前为止最为成功、最广为接受和最易于使用的大数据并行处理技术。MapReduce 的发展普及和带来的巨大影响远远超出了发明者和开源社区当初的意料，以至于马里兰大学教授、2010 年出版的 *Data-Intensive Text Processing with MapReduce* 一书的作者 Jimmy Lin 在书中提出：MapReduce 改变了我们组织大规模计算的方式，它代表了第一个有别于冯·诺依曼结构的计算模型，是在集群规模而非单个机器上组织大规模计算的新的抽象模型上的第一个重大突破，是到目前为止所见到的最为成功的基于大规模计算资源的计算模型。

### 6.2.5　云计算平台管理技术

云计算资源规模庞大，服务器数量众多并分布在不同的地点，同时运行着数百种应用，如何有效地管理这些服务器，保证整个系统能提供不间断的服务是一项巨大的挑战。云计算系统的平台管理技术，需要高效调配大量服务器资源，使其更好协同工作。其中，方便地部署和开通新业务，快速发现并且恢复系统故障，通过自动化、智能化手段实现大规模系统可靠的运营是云计算平台管理技术的关键。

对于提供者而言，云计算可以有 3 种部署模式，即公有云、私有云和混合云。3 种模式对平台管理的要求大不相同。对于用户而言，由于企业对于 ICT 资源共享的控制、对系统效率的要求以及 ICT 成本投入预算的不尽相同，企业所需要的云计算系统规模及可管理性能也大不相同。因此，云计算平台管理方案要更多地考虑到定制化需求，能够满足不同场景的应用需求。

包括 Google、IBM、微软等在内的许多厂商都有云计算平台管理方案推出。这些方案能够帮助企业实现基础架构整合、实现企业硬件资源和软件资源的统一管理、统一分配、统一部署、统一监控和统一备份，打破了应用对资源的独占，让企业云计算平台的价值得以充分发挥。

# 6.3 云计算的应用

随着各家互联网巨头、硬件厂商乃至诸多科研机构的努力，云计算已经不是空中之谈了，它已经有了很多的应用场景，比如如今已经为众人所知的企业云、云存储、云杀毒等，在未来云计算将在 IT 产业各个方面都有用武之地。以下对一些比较典型的应用场景来进行分析。

## 6.3.1 云计算在物流行业中的应用

目前，在物流领域有些运作已经有了“云”的身影，如车辆配载、运输过程监控等。借助云计算中的“行业云”，多方收集货源和车辆信息，并使物流配载信息在实际物流运输能力与需求发生以前得以发布，加快了物流配载的速度，提高了配载的成功率。

目前行业对云计算的应用还处在初级阶段，随着技术的推广和完善，大数据云计算必将对整个物流业产生深刻的影响。

### 1. 云计算为物流行业有效整合信息资源

通过云计算对物流信息资源进行统一整合，提高了物流企业对整个系统信息资源的有效管理，同时对业务进行支撑的可用性也大大提高了。云计算架构灵活的扩展性，随着整个系统资源和需求的部署而动态进行。云计算的基础本身就是虚拟化，能够把单个的物理资源整合起来划分给更多的用户使用。云计算高效的资源整合为物流企业带来的成本优势也是非常明显的。现在 IT 设备的淘汰率比较高，更新周期缩短，后期的运维费用也较高。采用云计算的理念来整合资源，投资相对减少很多，不用多占建筑资源，设备更新相对节省，人员的配置也将减少。

### 2. 云计算为物流行业构建云平台

物流行业足够大，涉及面广，天生具有全球化的特点，以服务为核心业务的网络遍布全球。其中国际货代、报关行、仓储和集卡运输等物流公司以及相关链条上的公司，平均信息化水平已经高于其他行业，但是公司与公司之间，同一个公司不同的分公司之间，信息不能互连互通，尚未能通过互联网来实现全程的服务。

解决这样的问题，正是云计算平台的优势。云计算平台采用云计算核心集成技术“单点登录、统一认证、数据同步、资源集成”和云计算物联网互融技术“端、传、网、计、控”，使物流变得简单、便捷、高质、低价、有效、安全。实现物流企业生意全程电子化，实现在线询价、在线委托、在线交易、在线对账和在线支付等服务，让物流生意中的买卖双方尽享电子商务“门到门”服务的便捷，降低成本，提升效率，降低差错率。实现国际物流各类服务商和供应商之间订单的数据交换、物流信息的及时共享，以及交易的支付和信贷融资等完整的一条龙服务。将国际物流业务操作系统和服务平台作为切入点，通过云平台，建立用户基础，构建互连互通网络，深入挖掘用户特征，提高用户黏性，开展快速营销，牢牢把握住客户资源。图 6-7 所示为云物流服务平台构建的示意图。

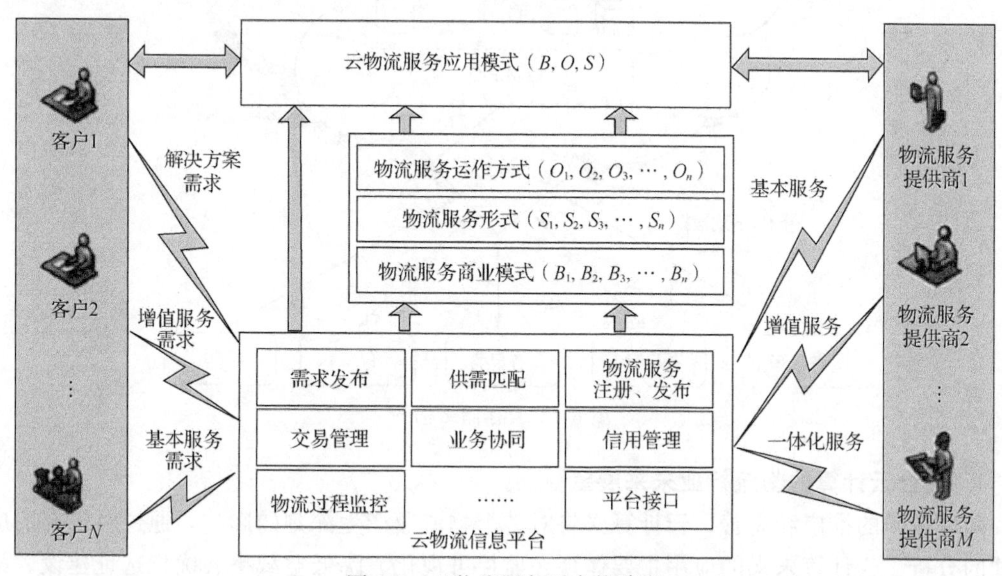


图 6-7　云物流服务平台构建图

### 3. 云计算为物流行业提供云存储

云存储为物流企业提供空间租赁服务。随着物流企业自身不断发展，企业的数据量随之不断增长。数据量的增长意味着更多的硬件设备投入、更多的机房环境设备投入、更多的运行维护成本和人力成本投入。通过高性能、大容量云存储系统，可以满足物流企业不断增加的业务数据存储和管理服务，同时，大量专业技术人员的日常管理和维护可以有效地保障云存储系统运行安全，确保数据不会丢失。

云存储为物流企业提供远程数据备份和容灾。数据安全对于物流行业来说也是至关重要的，大量的客户资源、平台资源、应用资源、管理资源、服务资源、人力资源不仅要有足够的容量空间去存储，还需要实现数据的安全备份和远程容灾。不仅要保证本地数据的安全性，还要保证当本地发生重大灾难时，可通过远程备份或远程容灾系统进行快速恢复。通过高性能、大容量云存储系统和远程数据备份软件，可以为物流企业提供空间租赁和备份业务租赁服务，物流企业也可租用 IDC 数据中心提供的空间服务和远程数据备份服务功能，建立自己的远程备份和容灾系统。

云存储为物流企业提供视频监控系统。通过云存储、物联网等技术建立的视频监控平台，所有监控视频集中托管在数据中心，在远程服务器上运行应用程序，应用客户端通过互联网访问它，并通过服务器层级将数据处理的计算能力和存储端的海量数据承载能力整合到单一的监控中心或多个分级监控中心。客户通过网络登录管理网页，即可及时、全面、准确地掌握物品的可视化数据和信息，可以远程、随时查看已录好的监控录像。图 6-8 所示为云存储的结构图。

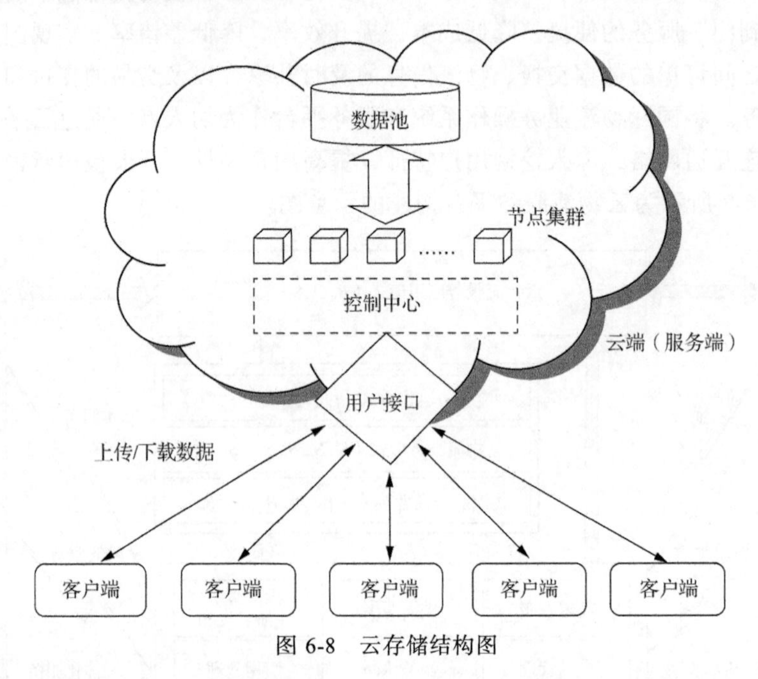


图 6-8　云存储结构图

**4. 结合云计算的物流行业未来展望**

随着技术的推广和完善，云计算必将对整个物流业产生深刻的影响。通过对已有的应用模式的分析，云计算未来的应用主要体现在监控可视化、降低空载率、优化选址建设、深化供应链体系 4 个方面。

未来的物流行业可通过对基础设施运营层梳理物流行业的业务开发、部署、管理上的流程，通过基础设施的整合，物理设备资源使用的规范化、流程化等管理手段，把物流公司分布在全国范围内的服务器、存储、网络重新划分区域、机架、网段，然后利用虚拟化技术进行资源的池化，实现基本可管理的资源池。最后梳理物流企业的各种业务应用，分配不同的虚拟化资源，进行部署和配置，通过数据中心自动化管理工具帮助物流业实现灵活的业务驱动，其中包括智能监控、自动化部署，把简单的软件堆叠变为深层次的业务整合和流程整合，达到了高度自动化的 IT 资源供给服务，真正实现了云计算的价值。

## 6.3.2　云计算在教育领域的应用

云计算在教育领域发挥作用将降低教育信息系统建设的成本，同时有效地消除教育信息系统中的“孤岛”现象。

**1. 云计算对教育领域的影响**

（1）可以为学校节约计算机等硬件设备的购买和维护成本

目前各级大中小学都配备了大量的计算机和网络设备，为了满足越来越多的计算需求，学校不得不经常购买、更新计算机和网络设备。云计算固有的特点使其比其他新技术更容易进入学校。如果使用云计算服务，绝大部分计算任务交给云端来完成，学校只需让计算机接入互联网即可。云计算对用户端的设备要求很低，这一特点决定了云计算将会在学校大受欢迎，可以为学校节约大量的计算机网络交换机等硬件设备的购买和维护成本。

（2）云计算可以为学校提供经济的应用软件定制服务

软件即服务（SaaS）是云计算提供的一种服务类型，它将软件作为一种在线服务来提供。学校接入这类云计算服务后，无须再花费大量资金购买商业软件授权，一些常用的应用软件如办公软件、电子邮件系统等云服务已经提供，收费低廉，有的甚至是免费。作为客户端的本地计算机只需运行图形界面的操作系统和浏览器即可享受云服务，而不用担心应用软件是否是最新版本，这也极大地减少了学校为维护和升级操作系统及应用软件而投入的费用。

（3）云计算可以为学校提供可靠和安全的数据存储中心

由于对教育信息资源建设的投入不断加大，各个学校都积累了大量的教育信息资源。在病毒猖獗的互联网时代，数据存储的安全、可靠越显重要。而信息安全的问题在专业人员欠缺的学校特别突出，云计算可以为学校提供可靠、安全的数据存储中心。学校使用云计算服务将数据储存在云端，由云计算服务提供商提供专业、高效和安全的数据存储。因此无须担心病毒和黑客的侵袭以及由硬件的损坏而导致的数据丢失问题。

（4）云计算使教育信息资源的共建与共享更为便捷

目前我国各级教育行政机构、学校和教育企业已经建设了大量的教育信息资源，并且还在建设更多的教育信息资源。由于可以将教育信息资源存储在云上，这样使教育信息资源的共享变得更为方便与快捷。各个教育机构或信息资源建设人员也可以利用云计算所提供的强大的协同工作能力实现教育信息资源的共建。

**2. 云计算在教育领域面临的问题**

在云计算教育应用技术的开发方面，教育教学部门与企业双方都面临着困境，一方面教育教学部门缺乏应用技术开发方面的经验及技术支持，另一方面相关的通信公司或网络公司掌握了成熟的云计算技术却难以很好地将其应用于教育教学中。此外，缺少专门的研究组织。如美国的类似 Gartner Group 等多个组织致力于研究云计算及其在教育中的应用，我国仅有少数几个专门的研究组织在从事云计算方面的工作，而侧重于研究云计算教育应用的组织则更少。

### 6.3.3　云计算在智能交通系统中的应用

经过多年的发展，交通运输信息化建设已经取得一系列成果，各种交通信息系统极大方便了交通用户。但是各信息系统往往自成体系，彼此无法连通交互，信息共享程度不充分，信息标准不统一，信息交换不理想，形成了一个个“信息孤岛”。在交通领域存在交通信息处理低效、信息不实时、交通流预测不准确等一系列问题。与传统的单机和网络应用模式相比，云计算具有虚拟化、高灵活性和高可靠性等特点。云计算平台利用软件实现硬件资源的虚拟化管理、调度及应用，扩展、迁移、备份等各项应用操作均在虚拟化层完成。运用虚拟化技术，通过整合交通运输领域的各种业务资源、行业信息和业务系统，实现资源的集中管理。

**1. 构建交通云平台**

运用云计算技术对交通运输系统数据中心进行改造，整合各种交通信息资源，融合交通运输信息系统，使数据中心具备资源池弹性扩张能力，提升资源利用率。采用虚拟化技术、海量数据存储、数据跨平台共享等云计算技术，接入智能监控系统、公众出行系统等采集前端获取的海量交通数据，并对这些信息进行统一的组织、规划和协调，经过筛检、融合和分析处理后，为交通运输领域各应用系统提供数据支撑。构建交通云平台，加快整合信息系统，加强系统之间的信息共享，提高系统数据处理能力，为各类交通运输信息系统的运行提供硬件平台、集成交互环境支撑，确保各类信息系统能够互联、互通、互操作。在交通云平台上部署多套应用系统，共享交通云数据。

中心的海量交通数据，直接调用数据分析结果，构建交通 GIS 平台、交通管理及仿真决策支持系统、安全监管与应急处置平台、物流公共信息服务系统、卫星定位综合管理与服务系统、公众出行服务信息平台和最优路径诱导系统等。用户按需通过网络访问交通云资源池，交通云为交通参与者提供各种服务。

**2. 基于交通云平台的信息分析与发布**

交通云平台能够实现交通信息采集、处理、存储、分析、调用、发布和反馈全过程的优化，具有超强的计算能力、分布式存储和信息共享等优势，可充分发挥交通基础设施效能，提供全新的交通信息管理模式，实现交通统一管理和资源数据共享，为交通运输行业各信息系统提供计算服务，为交通参与者、交通管理部门提供高效和准确的交通信息，为广大用户提供交通信息分析与发布服务，提高智慧交通系统信息的时效性和准确性。

**3. 基于交通云平台的交通指挥控制**

通过物联网等技术，实时监控交通参与者的交通行为，实时采集道路状况，如车辆行驶状态、交通拥堵情况以及车流速度，并将交通流量、密度和拥堵状况等实时情况汇集至交通云平台。借助交通云平台的分布式存储、动态冗余存储等技术，通过对人、车、路等综合交通因素数据的分析、处理与融合，应用一定的交通流预测算法、基于云模型预测短时交通流，提供动态导航服务和最优路径诱导信息，为交通参与者提供科学的出行路线，极大节约出行时间，最大程度地缓解交通拥堵，降低环境污染，提高道路交通安全和使用效率。通过地感线圈、RFID、视频监控等技术实时监测区域内各路口各方向的交通车流量，由交通云平台对这些数据进行集中处理，依赖实时可靠的交通流形成精确、联动的区域交通控制方案，统一调控连网信号灯，实现基于云计算的智能交通信号控制。

**4. 基于交通云平台的交通管理预警**

道路车辆通过车联网等设备，将车辆的地理位置、车牌信息、车主信息等车辆状态信息实时汇集在交通云平台，实现车联网在线管理。交通云平台以服务的形式向各种用户提供车辆信息服务，实现违反规章车辆的整治管理，实时保证车辆的安全。此外，基于交通云平台，在任何时间、任何地点，应急救援人员通过网络的形式都可获取交通应急事件报警情况、救援资源和方案，随时查看事故现场情况，并及时做出应急处理，进而控制交通事故的发展，快速恢复交通，实现基于交通云平台的应急救援在线管理。通过交通云平台，实时预警交通突发事件，保证交通运输系统安全有序地运行。

**5. 基于交通云平台的智能车辆管理**

随着汽车保有量的增多，除了增加交通拥堵外，还给道路安全带来了隐患。交管部门在进行交通管理时，应对一些重要车辆进行重点管理。如长途客车、旅游客车、校车、单位班车等，承载的人数较多；罐车、危化品运输车、渣土车属于大型车，安全隐患较大。交管部门应重点加强对这几类车辆的管理，运用云计算技术对车辆进行定位、轨迹跟踪管理，实时掌握车辆的运行速度、时速、路线等。车辆运行中一旦出现违规违章情况，会自动发出警告，交警部门根据警告信息对相关人员和单位进行警示。另外运用云计算对已有的车辆治安防控功能进行扩展，将之和卡口监测系统融合在一起，实现两个系统的优势互补，将各类数据信息融合在一起，加强车辆管理水平。

**6. 基于交通云平台的交通规划建设**

云计算技术能适应用户对资源不断变化的需求，按照用户的应用需求部署相应的资源和计算能力，对虚拟资源池进行统一管理，还可随时对应用进行扩展，节省硬件资源开支，减少软硬件资源建设和维护费用，大大降低运营维护成本。基于交通云平台的交通基础设施运营状态安全检查监测方面，无须支付高额的费用建立实体监控中心，可以共享交通云平台，租赁交通云平台提供的各项服务，能大幅降低交通领域系统建设成本，实现统一管理和维护，使路联网市场能够真正形成。

## 习题6

**一、选择题（单选和多选）**

1. 云计算是对（　　）技术的发展与运用。

A. 并行计算　　B. 网格计算　　C. 分布式计算　　D. 三个选项都是

2. 将平台作为服务的云计算服务类型是（　　）。

A. IaaS　　B. PaaS　　C. SaaS　　D. 三个选项都是

3. 我们常提到的“Window 装个 VMware，装个 Linux 虚拟机”属于（　　）。

A. 存储虚拟化　　B. 内存虚拟化　　C. 系统虚拟化　　D. 网络虚拟化

4. IaaS 是（　　）的简称。

A. 软件即服务　　B. 平台即服务

C. 基础设施即服务　　D. 硬件即服务

5. 从研究现状上看，下面不属于云计算特点的是（　　）。

A. 超大规模　　B. 虚拟化　　C. 私有化　　D. 高可靠性

6. 云计算就是把计算资源都放到上（　　）。

A. 对等网　　B. 因特网　　C. 广域网　　D. 无线网

7. PaaS 是（　　）的简称。

A. 软件即服务　　B. 平台即服务

C. 基础设施即服务　　D. 硬件即服务

8. 微软于 2008 年 10 月推出的云计算操作系统是（　　）。

A. Google App Engine　　B. “蓝云”

C. Azure　　D. EC2

9. 云计算的特点有（　　）。

A. 大规模　　B. 平滑扩展

C. 资源共享　　D. 动态分配

E. 跨地域

10. 在云计算中，虚拟层主要包括（　　）。

A. 服务器虚拟化　　B. 存储虚拟化　　C. 网络虚拟化　　D. 桌面虚拟化

11. 在云计算平台中，（　　）基础设施即服务。

A. IaaS　　B. PaaS　　C. SaaS　　D. QaaS

## 二. 简答题

1. 简述云计算的定义及特征。
2. 云计算按照服务类型可以分为哪几类？
3. 简述云的几种部署模型。
4. 什么是虚拟化技术？
5. 什么是服务器虚拟化？

# 第 7 章 大数据

Before big data, computers are not good at solving problems that require human intelligence, but today these problems can be solved with a different idea. The core is to change the intelligence problem into data problems. As a result, the world has embarked on a new round of technological revolution, the intellectual revolution.

——Wu Jun, *Intelligent Times*

在有大数据之前，计算机并不擅长于解决需要人类智能的问题，但是今天这些问题换个思路就可以解决了，其核心就是变智能问题为数据问题。由此，全世界开始了新一轮的技术革命——智能革命。

——吴军《智能时代》

学习目标

- 理解大数据的定义
- 掌握大数据的特征
- 了解大数据的关键技术和平台
- 了解大数据的应用领域

## 7.1 大数据概述

“大数据（Big Data）”这个词早在1980年就被未来学家托夫勒在其所著的《第三次浪潮》中热情地称为“第三次浪潮的华彩乐章”。“大数据”逐渐成为热点词汇，是在2008年9月 *Nature* 杂志推出了名为“大数据”的封面专栏之后。现有文献将“大数据”描述为“创新中的下一个重大事件”“第四种科学范式”“创新，竞争和生产力的下一个前沿”，是接下来的“管理革命”。这些描述背后的理由是“大数据”能够通过“改变流程，改变企业的生态系统，促进创新”提升企业的竞争力，释放企业的组织能力和创造更多的商业价值，并帮助企业解决其业务挑战。

《大数据时代》的作者迈尔·舍恩伯格认为大数据将开启重大的时代转型。他指出，大数据将带来巨大的变革，改变我们的生活、工作和思维方式，改变我们的商业模式，影响我们的政治、经济、科技和社会等多个层面。大数据的战略重要性引起了全球各国的高度关注。美国于2012年3月启动了“大数据研究和发展计划”，这是将大数据上升为国家意志的一次重大的科技发展部署。继美国之后，欧洲各国也纷纷推出了大数据发展战略计划。2012 年，联合国发布的《大数据促发展：挑战与机遇》中指出，大数据时代已经到来，这对于各国政府和联合国来说都是一次重要的历史机遇。欧盟在 2014 年 7 月呼吁欧盟各成员国应积极迎接大数据时代，并宣布欧盟将采取一系列具体措施发展大数据技术。

我国也对大数据高度重视。“大数据”已经被我国提升到国家重大发展战略的高度，成为推动经济转型发展的新动力、重塑国家竞争优势的新机遇、提升政府治理能力的新途径。“大数据”已成为引领我国未来科技创新和经济结构转型的战略性支柱产业之一。此外，我国在 2015 年发布了《促进大数据发展行动纲要》，作为大数据发展的国家顶层设计对大数据的发展工作进行了系统部署。根据《2018 全球大数据发展分析报告》显示，我国大数据领域的论文占全球的比例从 2015 年的 3.4%增长到了 2018 年的 22.8%，大数据论文被引用次数的比例从 2015 年的 1.8%增长到 2018 年的 20.8%。

### 7.1.1 大数据的定义

关于“大数据”的概念，目前尚未有一个准确的定义。最初，这个概念是指需要处理的信息量过大，已经超出了一般计算机在处理数据时所能使用的内存量。现有的定义都是从数据规模和支持软件处理能力的角度进行的定性描述。例如，维基百科的定性描述为：大数据是指无法使用传统和常用的软件技术及工具在一定时间内完成获取、管理和处理的数据集。麦肯锡咨询公司的《大数据报告》中给出的定义是：大数据指的是大小超出常规的数据库工具获取、存储、管理和分析能力的数据集。

这些定性化的定义无一例外地突出了大数据的数据规模“大”。《大数据时代的历史机遇》一书指出，大数据是在多样的或者大量的数据中迅速获取信息的能力，这强调了大数据具有深度的价值。

因此，我们将“大数据”定义为超过了传统数据库软件工具捕获、存储、管理和分析数据能力，其中个体或部分数据呈现低价值性，而数据整体呈现高价值的、海量的、复杂的数据集。大数据又可细分为大数据科学（Big Data Science）和大数据框架（Big Data Frameworks）。大数据科学是涵盖大数据获取、调节和评估技术的研究；大数据框架则是在计算单元集群间解决大数据问题的分布式处理和分析的软件库及算法。一个或多个大数据框架的实例化即为大数据基础设施。

实际上，当今“大数据”一词的含义已经远远超出了数据规模的定义，它代表着信息技术发展到了一个新的时代，代表着海量数据处理所需要的新的技术和方法，也代表着大数据应用所带来的新服务和新价值。

### 7.1.2 大数据的特征

大数据的数据特征相比于传统处理的小数据存在很多不同，如表 7-1 所示，一些学者和从业人员使用“V”来定义大数据的特征。4 个“V”是目前大家普通接受的一种描述大数据特征的观点。

**1. 数据规模大（Volume）**

数据量可从数百 TB 到数十、数百 PB 乃至 EB 的规模。例如，沃尔玛公司每小时能够从顾客交易信息中收集超过 2.5PB 的数据。

### 2. 数据多样性（Variety）

20 年前数据的类型主要是结构化数据，人们重点关注数据结构的不同，而当前，半结构、非结构化的数据是数据存储的主体，包括网络日志、视频、图片、音频等。

### 3. 数据处理速度（Velocity）

数据处理速度快主要从两个方面体现。一是数据量增长的速度越来越快，数据如泉水一般不断涌来。可以用全世界互联网流量累计达到 1EB 需要的时间来佐证，在 2001 年这个时间是 1 年，到 2004 年是 1 个月，在 2007 年是 1 周，在 2013 年只需要 1 天。二是数据处理和响应的速度越来越快，特别是在大型的电子商务、金融等企业，对数据处理的响应尤为重要，即很多大数据应用需要进行及时处理，满足一定的响应性能要求。

### 4. 价值（Value）

具体有两层含义，一是大数据本身的价值密度低，二是大数据中的深度价值大。这些深度价值需要对大数据进行分析挖掘才能得到。

表 7-1　　传统数据特征与大数据特征对比表

| 对比内容 | 传统数据时代 | 大数据时代 |
| --- | --- | --- |
| 数据量 | MB、GB 数据量级 | PB、EB、ZB 数据量级 |
| 数据格式 | 结构化数据 | 非结构化、半结构化数据 |
| 存储设备 | NAS、SAN 等 | 分布式存储、云存储等 |
| 来源 | 围绕业务系统 | 智能终端、人-机互连、传感设备等 |
| 产生速度 | 数据生成、变化速度慢 | 数据生成、变化速度快 |
| 结构 | 结构简单 | 结构复杂多样 |

迈尔·舍恩伯格的《大数据时代》从另一个角度提出大数据一共具有三个特征：全样而非抽样、效率而非精确、相关而非因果。

第一个特征非常好理解。在过去，由于缺乏获取全体样本的手段，人们发明了“随机调研数据”的方法。理论上，抽取的样本越随机，就越能代表整体样本。但问题是获取一个随机样本的代价极高，而且非常费时。人口调查就是一个典型的例子，一个稍大些的国家甚至做不到每年都发布一次人口调查，因为随机调研实在是太耗时耗力了。但有了云计算和数据库以后，获取了足够多的样本数据乃至全体数据后，人口调查就变得非常容易了。在这些数据中，已经完全没有必要去抽样调查这些数据：在数据仓库，所有的记录都在那里等待人们的挖掘和分析。

第二点其实是建立在第一点的基础上的。过去使用抽样的方法，需要在具体运算上非常精确，所谓“差之毫厘便失之千里”，设想一下，在总样本为 1 亿的人口中随机抽取 1000 人，如果对这 1000 人的运算出现错误的话，那么放大到 1 亿人中会有多大的偏差。但如果使用的是全样本，有多少偏差就是多少偏差，偏差是不会被放大的。Google 人工智能专家诺维格在他的论文中写道，大数据基础上的简单算法比小数据基础上的复杂算法更加有效。

数据分析的目的并非仅仅就是分析数据，而是还有其他用途，故而时效性也是非常重要的。精确的计算是以时间消耗为代价的，但在小数据时代，追求精确是为了避免放大的偏差才不得已为之。但在“样本=总体”的大数据时代，快速获得一个大概的轮廓和发展脉络，要比严格的精确性重要得多。

第三个特征则非常有趣。相关性表明变量 A 和变量 B 有关，或者说 A 变量的变化和 B 变量的变化之间存在一定的正比（或反比）关系。但相关性并不一定是因果关系（A 未必是 B 的因）。亚马逊的推荐算法非常有名，它能够根据消费记录来告诉用户可能会喜欢什么，这些消费记录有可能是别人的，也有可能是该用户历史上的。但它不能说出用户喜欢的原因。难道大家都喜欢购买商品 A 和商品 B，就一定等于所有人买了商品 A 之后的结果就是买商品 B 吗？未必，但的确需要承认，相关性很高，或者说概率很大。舍恩伯格认为，大数据时代只需要知道是什么，而不再关心为什么，就像亚马逊推荐算法一样，知道喜欢商品 A 的人很可能喜欢商品 B，但不用知道其中的原因。

### 7.1.3 大数据的来源

大数据的第一个来源是商业数据。淘宝每天有超过 30 亿条的店铺、商品浏览记录，10 亿个在线商品数，上千万条的成交、收藏和评价数据，绝大部分是由消费者、商家产生的，也有物流公司和其他各种各样的信息；沃尔玛每小时处理百万级别的事务；移动、联通、电信等通信公司每天也会产生大量的通信数据，包括用户打电话的时间、双方的电话号码、通话时长等。另外，各个企业的 IT 系统和应用软件也越来越复杂，它们的设计者不得不记录下更多的细节数据，以便在异常发生时能够找到问题所在。

大数据的第二个来源是网络数据。Facebook 每天要处理超过 30PB 的数据；Google 旗下的 YouTube 网站，每分钟有超过 300 小时的视频被上传到 YouTube。此外，互联网上的用户每天在社交平台上聊天和互动产生的内容就更多了。

大数据的第三个来源是社会数据。其中包括公共事务数据，例如利用设置在大街小巷的大量摄像头组成的监控网络，用于辅助城市交通执法的“城市道路监控系统”，每天都会产生大量的视频信息数据。另外，在科学研究领域也随时会产生大量数据。例如在天文学方面，建在贵州省的 500 米口径球面射电望远镜 FAST，通过 9 个近景测量基站，对反射面位形实时扫描，利用激光跟踪仪及激光跟踪系统接收大量来自太空的射电信号数据。此外，在医疗行业中每天也会产生大量的数据，如临床实验数据、药物研发过程、电子病例、诊断书、个体健康信息等。

### 7.1.4 大数据的价值

就像互联网通过给计算机添加通信功能而改变了世界一样，大数据也将改变我们生活的各个方面，因为它为我们的生活创造了前所未有的可量化的维度。大数据已经成为新发明和新服务的源泉，而更多的改变正蓄势待发。

大数据最直接的价值体现是它的经济价值。通过大数据技术，亚马逊可以为用户推荐图书，Google 可以为关联网站排序，淘宝可以知道用户的喜好，而 QQ、微信可以猜出用户认识谁。当然，同样的技术也可以运用到疾病诊断、推荐治疗措施，甚至是识别潜在犯罪分子上。利用大数据，垃圾邮件过滤器可以自动过滤垃圾邮件，尽管它并不知道“发#票#销#售”是“发票销售”的一种变体。具有“自动改正”功能的智能手机通过分析用户以前的输入，还能将个性化的新单词添加到手机词典里。事实上，大数据已经从商业科技延伸到了医疗、教育、经济、人文以及社会的其他领域。现有产业，包括医疗、制造业、农业、体育甚至编辑记者行业都将迎来崭新的形态。

# 7.2 大数据的关键技术和工具

下面介绍大数据的关键技术和工具。

## 7.2.1 大数据处理平台

### 1. MapReduce

Google 公司在 2004 年发表了名为“MapReduce：Simplified Data Processing on Large Clusters”的论文，提出了一种新型的面向大规模数据处理的并行计算模型和技术——MapReduce。具体内容可参考 6.2.4 节。

### 2. Hadoop

Hadoop 是目前最为流行的大数据处理平台。Hadoop 开始是模仿 GFS、MapReduce 实现的一个云计算开源平台，现在已经发展成为包括文件系统（HDFS）、数据库（HBase、Cassandra）、数据处理（MapReduce）等功能模块在内的完整生态系统（Ecosystem）。2008 年以来，Hadoop 也逐渐被互联网企业广泛使用，成为大数据处理的主流系统和事实上的工业标准。Facebook 基于自己的应用特点提出了实时 Hadoop 系统以及基于 Hadoop 的大型数据仓库 Hive，此外还提出了专注于海量小数据集的文件系统 HayStack，比如用于社交网络中海量图片的存储和共享。

### 3. Spark

交互式数据处理系统的典型代表系统是 Spark，它是加州大学伯克利分校 AMP Lab 所开源的类 Hadoop 和 MapReduce 的通用的并行计算框架。Spark 提供了一个更快、更通用的数据处理平台。与 Hadoop 相比，Spark 可以让用户的程序在内存中运行时速度提升 100 倍，或者在磁盘上运行时速度提升 10 倍。充分利用内存，减少磁盘 I/O，支持迭代计算和交互式计算。Spark 在全面兼容 Hadoop HDFS 分布式存储访问接口的基础上，利用内存处理大幅度提高了并行化计算系统的性能。当然，Spark 等大数据计算系统的出现，并没有完全取代 Hadoop，而是与 Hadoop 系统共存与融合，扩大了大数据技术的生态系统，使得大数据技术的生态环境更趋完整和多样化。Spark 在保持了 Hadoop 分布式计算框架优良容错性的基础上，进一步提升了 MapReduce 两阶段编程模型的表达和处理能力。在 2016 年 7 月 26 日发布的 Apache Spark 2.0 版本中，Spark 进一步完善了多种常用语言（如 Python 和 R）的支持，并且统一提出了 Dataset 数据结构，从概念上也更易于数据分析师对大规模数据集的编程处理。

### 7.2.2 大数据文件系统

1. GFS

Google 自行设计开发了 Google 文件系统 GFS。GFS 是分布式文件系统，它隐藏下层负载均衡、冗余复制等细节，对上层程序提供一个统一的文件系统 API 接口。Google 根据自己的需求对它进行了特别的优化，如超大文件的访问，读操作比例远超过写操作，PC 极易发生故障造成节点失效等。GFS 把文件分成 64MB 的块，分布在集群的机器上，使用 Linux 的文件系统存放。同时每块文件有 3 份以上的冗余。中心是一个 Master 节点，根据文件索引，找寻文件块。GFS 的设计一开始就是为了方便存储大数据而进行的。GFS 是构建在大量廉价服务器之上的一个可扩展的分布式文件系统，主要针对文件较大，且读远大于写的应用场景，采用主从（Master-Slave）结构。GFS 通过数据分块、追加更新（Append-Only）等方式实现了海量数据的高效存储。随着时间的推移，GFS 的架构逐渐无法适应需求。Google 对 GFS 进行了重新设计，该系统正式的名称为 Colossus。

2. HDFS

HDFS（Hadoop Distributed File System）是 Hadoop 的分布式文件系统，源自 Google 的 GFS。HDFS 在最开始是作为 Apache Nutch 搜索引擎项目的基础架构而开发的。被设计成适合运行在通用硬件上高度容错性的分布式文件系统，HDFS 能提供高吞吐量的数据访问，非常适合大规模数据集上的应用。HDFS 放宽了一部分 POSIX 约束，来实现流式读取文件系统数据的目的。它提供了一次写入、多次读取的机制，数据以块的形式保存，同时分布在不同的物理集群上。

### 7.2.3 大数据的数据库

在大数据时代，业界和学术界研究实现了多种支持大规模结构化/半结构化数据管理的分布式数据库系统。这类数据库主要包括 NoSQL 和 NewSQL。常用的 NoSQL 系统的典型代表包括 BigTable、Dynamo 和 HBase，下面主要介绍前两种数据库。

1. BigTable

BigTable 是大型的分布式数据库，这个数据库不是关系式的数据库，像它的名字一样，就是一个巨大的表格，用来存储结构化的数据。BigTable 是 Google 早期开发的数据库系统，它是一个多维稀疏排序表，由行和列组成，每个存储单元都有一个时间戳，形成三维结构。不同时间对同一个数据单元的多次操作形成的数据的多个版本之间由时间戳来区分。

HBase 源自 Google 发表于 2006 年 11 月的论文 BigTable，HBase 是一个建立在 HDFS 之上，面向列的针对结构化数据的可伸缩、高可靠、高性能、分布式和面向列的动态模式数据库。HBase 采用了 BigTable 的数据模型：增强的稀疏排序映射表（Key-Value），其中，键（Key）由行关键字、列关键字和时间戳构成。HBase 提供了对大规模数据的随机、实时读写访问，同时，HBase 中保存的数据可以使用 MapReduce 来处理，它将数据存储和并行计算完美地结合在一起。

2. Dynamo

亚马逊的 Dynamo 也是非常具有代表性的系统。Dynamo 综合使用了键-值存储、改进的分布式哈希表、向量时钟（Vector Clock）等技术实现了一个完全的分布式、去中心化的高可用系统。

# 7.3　大数据应用实例

## 7.3.1　大数据在商业领域的应用

大数据信息可以转化为商业价值，促进业务创新：优化网络质量，利用信息数据支撑终端、网络、业务平台关联分析，优化网络，实现网络价值最大化；助力市场决策，充分挖掘用户的移动互联网行为特征，提升对用户消费偏好的精准把握，实现精准营销；改善用户体验，智能语音门户通过知识库和语义搜索技术实现业务知识的机器智能回答。

Google 的自动驾驶汽车可以算是一个聪明的机器人，因为它可以像人一样控制汽车、识别道路，并且对各种随机的突发性事件快速地做出判断。Google 的自动驾驶汽车能做到这样，不仅是因为采用了好的信息采集技术，最关键是采用了与其他研究团队不同的研究方法，它把自动驾驶汽车这个看似机器人的问题变成了一个大数据的问题。首先，Google 在自动驾驶汽车中使用了已经成熟的 Google 街景项目。Google 的街景汽车不仅拍摄了房屋和道路的照片，同时还采集 GPS 数据，检查地图的信息。一辆 Google 街景汽车每时每刻都能积累大量的离散数据流。事实上，Google 的自动驾驶汽车只能去有街景数据的地方，每条街道的宽窄、限速，不同时间段的交通情况、人流量等，Google 都事先处理好以备使用。因此，自动驾驶汽车每到一处，对周围环境都是非常了解的。其次，自动驾驶汽车上装了十多个传感器，每秒进行几十次的各种扫描，通过移动互联网将数据传给 Google 的超级数据中心，由数据中心完成数据的计算处理再返回给自动驾驶汽车。

对于零售商来说，知道一个顾客是否怀孕是非常重要的。因为这是一对夫妻改变消费观念的开始，也是一对夫妻生活的分水岭。他们会开始光顾以前不会去的商店，渐渐对新的品牌建立忠诚。Target 公司的市场专员们向分析部求助，看是否有什么办法能够通过一个人的购物方式发现她是否怀孕。公司的分析团队首先查看了签署婴儿礼物登记簿的女性的消费记录。他们注意到，怀孕的妇女大概会在第三个月的时候买很多无香乳液。几个月之后，她们会买一些营养品，比如镁、钙、锌。Target 公司通过对大量数据的分析，最终找出了大概 20 多种关联物，这些关联物可以给顾客进行“怀孕趋势”评分。这些关联物甚至能让零售商比较准确地预测出顾客的预产期，这样就能够在孕期的每个阶段给顾客寄送相应的优惠券，这才是 Target 公司的目的。

“蚂蚁小贷”是采用大数据技术进行小额贷款风险管理的典型。其特征是债务人无须提供抵押品或第三方担保，仅凭自己的信誉就能取得贷款，并以借款人的信用程度作为还款保证。“蚂蚁小贷”利用其天然优势，即阿里巴巴 B2B、淘宝、支付宝等电子商务平台上客户积累的信用数据及行为数据，引入网络数据模型和在线资信调查模式，通过交叉检验技术辅以第三方验证确认客户信息的真实性，通过一系列大数据自动进行机器学习的人工智能系统。这个系统包含信用评估与反欺诈识别。经过不断自动学习提升的信用评估智能，可以根据来自多种来源的数据自动判断与信用的关联关系，从而对贷款申请人的信用及额度做出评估，向这些通常无法在传统金融渠道获得贷款的弱势群体批量发放“金额小、期限短、随借随还”的小额贷款。

### 7.3.2 大数据在农业领域的应用

农业方面，以色列科学家根据农作物历史灌溉数据发明了滴灌技术——装有滴头的管线直接将水和肥料送达植物的根系，大大节约了水和肥料。所有灌溉方式都采用计算机进行自动化控制，灌溉系统中有传感器，能通过检查植物茎果的直径变化和地下湿度来决定对植物的灌溉量。由于有大量的传感器在采集数据，这种自动灌溉系统可以对用水量和产量的关系进行学习，以此改进灌溉量。

### 7.3.3 大数据在医疗领域的应用

传统医疗业着眼于诊断结论，在人体出现病症后给出患病结论，这样的结论数据往往具有滞后性。大健康产业关注过程数据，实时监测身体变化，这就要求大健康数据的采集全面覆盖人们生活的各种场景，这也是目前健康数据采集的难点所在。在未来万物互联的世界里，人们可以通过智能家居，诸如智能床垫、智能安防摄像头等获取健康数据，收到预警提醒。随着可穿戴设备和传感器技术的发展及应用，更多用户数据将被纳入数据分析的集合中，以支撑个体化医疗模式的展开。

### 7.3.4 大数据在体育领域的应用

2016 年 3 月 9 日，AlphaGo 和韩国棋手李世石九段之间的围棋大战开始了。赛前 AlphaGo 并不被看好，但结果却让所有人震惊，AlphaGo 以 4：1 赢得了比赛。在数据方面，Google 使用了几十万盘围棋高手之间的对弈数据来训练 AlphaGo，这是它获得智能的原因。

影片《点球成金》改编自《魔球——逆境中制胜的智慧》一书。影片讲述的是一个真实的故事。奥克兰运动家棒球队（又称绿帽队或白象队）总经理比利·比恩（Billy Beane）抛弃了选择球员的传统惯例，采用了一种依靠计算机程序和数学模型分析比赛数据来选择球员的方法。他没有采用像“棒球击球率”这样传统的标准，而是采用了类似“上垒率”这样的标准。这个方法发现了这项体育赛事始终存在却一直被人们忽略的一面。一个球员怎样上垒并不重要，不管是地滚球还是三垒跑，只要他上垒就够了。最终，比恩带领这支备受争议的球队在 2002 年的美国棒球联盟西部赛中夺得冠军，还取得了 20 场连胜的战绩。从那以后，统计学家取代球探成为了棒球专家，很多其他球队也争相采用数据分析的方法来指导球队运作。

与此类似的是美国 NBA 的金州勇士队。2015～2016 赛季，勇士队在常规赛中取得 73 胜 9 负的成绩，打破了公牛队在 1995～1996 赛季创下的纪录，成为 NBA 历史单赛季常规赛战绩最好的球队。2017 年 6 月 13 日，勇士队以 16 胜 1 负的季后赛战绩，超越 2000～2001 赛季的湖人队（15 胜 1 负），成为 NBA 历史上胜率最高的夺冠球队。2018 年 6 月 9 日，NBA 总决赛第四场，勇士队以 108：85 战胜骑士队，获得 NBA 总冠军。在 2009 年还是不起眼的金州勇士队的崛起离不开大数据的帮助。勇士队的管理层依据大数据中得出的“眼花缭乱的传球和准确的投篮是最有效的进攻”这一结论，采用尽可能多地从三分线投篮的策略，并围绕这个策略对球队进行改造，培养队员们的投技，并且，勇士队在比赛过程中还利用实时数据及时调整比赛中的战术。

阿里体育的数据平台显示，在 2018 年 8 月 8 日全民健身日当天，全国 100 多个城市有超过 100 万人次参与了线下和线上互动。总共步数超过 100 亿。阿里体育将真实数据反馈给国家体育总局和各省体育局，作为国家进行体育大政方针和决策的依据。"这些数据背后，阿里体育有一个完整的数字化运营服务平台，可以实时看到全国到底有多少人、在不同的现场去参与了什么样的运动，是通过支付宝、银行卡还是通过现金支付，分布在哪些场馆、城市等，这些我们将来都可以开放给整个社会，包括政府和商家，帮助他们更好地去开展体育的运动，真正实现线上和线下的打通。"

### 7.3.5 大数据在社会服务领域的应用

2005 年 2 月，Google 公司参加了由美国国家标准与技术研究所主持的关于机器翻译的测评和交流，并以巨大优势打败了全世界所有的机器翻译研究团队。在事后交流经验时，负责 Google 公司机器翻译的弗朗兹·奥科（Franz Och）指出，他们所使用的方法没有什么特别的，只是使用了比其他研究所多几千甚至上万倍的数据。他指出："Google 的翻译系统不会只是仔细地翻译 300 万句话，它会掌握用不同语言翻译的质量参差不齐的数十亿页的文档。"

阿里巴巴公司利用大数据识别套牌车。所谓"套牌车"就是其他车辆伪造他人真实牌照，将号码相同的假牌照挂在自己车上，这样的"真假李逵"给交通管理带来了很大困扰。套牌车的泛滥，不仅严重干扰了道路交通秩序，还增加了交通事故发生的概率。此外，套牌车的出现，还侵害了号牌真实车主的利益。大量网点摄像头采集车牌信息并进行识别，当发现车牌识别异常时（同一号牌在不合理的时间、距离上被识别），则会报警到中心库，提醒车主。

## 习题 7

**一、单项选择题**

1. 大数据的起源是（　　）。

   A. 金融　　B. 电信　　C. 互联网　　D. 公共管理

2. 智能健康手环的应用开发，体现了（　　）的数据采集技术的应用。

   A. 统计报表　　B. 网络爬虫　　C. API 接口　　D. 传感器

3. 智慧城市的构建，不包含（　　）。

   A. 数字城市　　B. 物联网　　C. 联网监控　　D. 云计算

4. 大数据的最显著特征是（　　）。

   A. 数据规模大　　B. 数据类型多样

   C. 数据处理速度快　　D. 数据价值密度高

5. 下列关于大数据特点的说法中，错误的是（　　）。

   A. 数据规模大　　B. 数据类型多样　　C. 数据处理速度快　　D. 数据价值密度高

6. 当前社会中，最为突出的大数据环境是（　　）。

   A. 互联网　　B. 物联网　　C. 综合国力　　D. 自然资源

7. 下列关于大数据的分析理念中说法错误的是（　　）。

A. 在数据基础上倾向于全体数据而不是抽样数据

B. 在分析方法上更注重相关分析而不是因果分析

C. 在分析效果上更追究效率而不是绝对精确

D. 在数据规模上强调相对数据而不是绝对数据

8. 大数据的核心是（　　）。

A. 告知与许可　　B. 预测　　C. 匿名化　　D. 规模化

9. 下面哪项关联不属于购物篮分析（　　）。

A. 啤酒和尿布　　B. 湿巾和烧烤　　C. 咖啡和咖啡伴侣　D. 飓风和蛋挞

10. 大数据所带来的思维变革不包括（　　）。

A. 不是随机样本而是全体数据　　B. 不是精确性而是混杂性

C. 不是因果关系而是相关关系　　D. 不是歧视而是平等

11. 医疗健康数据的基本情况不包括以下（　　）。

A. 诊疗数据　　B. 个人健康管理数据

C. 公共安全数据　　D. 健康档案数据

12. 下列对大数据的特征描述错误的是（　　）。

A. 从微观而言，数据规模达到亿条数据以上，存储空间超过 TB 的都可以称为大数据

B. 以往传统的数据以结构化数据为主，但随着更多互联网多媒体应用的出现，如图片、声音和视频等非结构化数据占了很大比例

C. 对大数据的快速处理分析，能够为实时洞察市场变化、迅速所处响应、把握市场先机提供决策支持

D. 大数据的价值密度很高，因此有巨大价值

**二、判断题**

1. 一般而言，分布式数据库是指物理上分散在不同地点，但在逻辑上是统一的数据库。因此分布式数据库具有物理上的独立性、逻辑上的一体性、性能上的可扩展性等特点。（　　）

2. 对于大数据而言，最基本、最重要的要求就是减少错误、保证质量。因此，大数据收集的信息量要尽量精确。（　　）

3. 大数据最显著的特点是数据类型多。（　　）

4. 由于数据量大，因此大数据的处理只能是离线/批量处理。（　　）

5. 大数据分析更着重于数据之间的相关关系而不是因果关系。（　　）

**三、多项选择题**

1. 当前，大数据产业发展的特点是（　　）。

A. 规模较大　　B. 规模较小

C. 增速很快　　D. 增速缓慢

E. 多产业交叉融合

2. 数据再利用的意义在于（　　）。

A. 挖掘数据的潜在价值　　B. 实现数据重组的创新价值

C. 利用数据可扩展性拓宽业务领域　　D. 优化存储设备，降低设备成本

E. 提高社会效益，优化社会管理

3. 大数据的主要特征表现为（　　）。

A. 数据容量大　B. 商业价值高

C. 处理速度快　D. 数据类型多

E. 数据来源多

4. 医疗领域利用大数据可以进行（　　）。

A. 临床决策支持　B. 个性化医疗

C. 社保资金安全　D. 用户行为分析

E. 用户信息存储

5. 关于大数据的特征，以下理解正确的是（　　）。

A. 重视事物的关联性　B. 大数据将颠覆诸多传统

C. 重视事物的因果性　D. 大数据的价值重在挖掘

E. 经过很长时间的积累才能收集到大数据

6. 下列对大数据处理模式的描述中正确的是（　　）。

A. 根据数据源的性质及分析目标不同，数据处理大致分为离线/批量和在线/实时两种模式

B. 离线/批量处理是指数据积累到一定程度后再进行处理，多用于事后分析，比如分析用户的消费模式

C. 在线/实时处理是指数据产生后立刻需要进行分析，比如及时反馈用户在网络中发布的消息等

D. 典型的离线/批量处理平台是 Hadoop，典型的在线/实时处理平台是 Storm

E. 对大数据进行实时处理才能有效使用大数据

7. 主流的大数据分析和挖掘技术主要包括（　　）。

A. 数据挖掘　B. 机器学习

C. 深度学习　D. 数据可视化

E. 数据统计

8. 大数据已在众多领域中得以应用，下列对大数据应用案例的描述正确的是（　　）。

A. 零售行业可利用大数据开展精准营销、产品推荐、顾客忠诚度分析

B. 金融行业可利用大数据开展智能决策、客户信用度分析、金融服务创新

C. 交通行业可利用大数据开展交通方案优化、最佳出行路线制定、突发事故处理

D. 互联网行业可利用大数据开展市场动态洞察、社交网络分析、互联网产品创新

E. 医疗行业可利用大数据开展临床决策支持、个性化医疗、社保资金安全分析

# 第8章 物联网

The future has come.

——Yuan Zhenguo

未来已来，将至已至。

——袁振国

学习目标

- 理解物联网的概念、特点及区别
- 理解物联网的架构
- 掌握物联网的关键技术
- 了解物联网的应用领域

## 8.1 物联网概述

### 8.1.1 物联网的概念

物联网（Internet of Things，IoT）是新一代信息技术的重要组成部分，也是信息化时代的重要发展阶段。

“物联网”的概念最早由美国麻省理工学院于 1999 年提出，它是依托射频识别（Radio Frequency Identification，RFID）技术和设备，按约定的通信协议与互联网相结合，使物品信息实现智能化识别和管理，实现物品信息互联而形成的网络。简而言之，物联网就是“物物相连的互联网”。它有两层意思：

其一，物联网的核心和基础仍然是互联网，是在互联网基础上的延伸和扩展的网络；

其二，其用户端延伸和扩展到了任何物品与物品之间，进行信息交换和通信，也就是“物物相息”。

物联网通过智能感知、识别技术与普适计算等通信感知技术，广泛应用于网络的融合中，也因此被称为继计算机、互联网之后世界信息产业发展的第三次浪潮。物联网是互联网的应用拓展，与其说物联网是网络，不如说物联网是业务和应用。因此，应用创新是物联网发展的核心，以用户体验为核心的创新 2.0 是物联网发展的灵魂。

随着技术的发展，物联网的内涵不断丰富，目前一般对物联网这样定义：物联网是通信网与互联网的拓展应用和网络延伸，它利用感知技术与智能装置对物理世界进行感知识别，通过互联网传输，进行计算、处理和知识挖掘，实现人与物、物与物的信息交互和无缝链接，达到对物理世界实时控制、精确管理和科学决策的目的。

## 8.1.2　物联网的含义

物联网是在计算机互联网的基础上，利用 RFID、无线数据通信等技术，构造一个覆盖世界上万事万物的“Internet of Things”。在这个网络中，物品（商品）能够彼此进行“交流”，而无须人的干预。我们可以从“两化融合”这个角度分析物联网的含义。

首先，工业化的基础是自动化，自动化领域发展了近百年，理论、实践都已经非常完善了。特别是随着现代大型工业生产自动化的不断兴起和过程控制要求的日益复杂应运而生了 DCS 控制系统，更是计算机技术、系统控制技术、网络通信技术和多媒体技术相结合的产物。DCS 的理念是分散控制、集中管理。虽然自动设备全部连网，并能在控制中心监控信息且通过操作员来集中管理，但是操作员的水平决定了整个系统的优化程度。有经验的操作员可以让生产最优化，而缺乏经验的操作员仅能保证生产的安全性。是否有办法做到分散控制、集中优化管理？需要通过物联网，根据所有监控信息，利用分析与优化技术，找到最优的控制方法，是物联网可以带给 DCS 控制系统的。

其次，IT 信息发展的前期，其信息服务对象主要是人，其主要解决的问题是解决信息孤岛问题。当为人服务的信息孤岛问题解决后，则要在更大范围解决信息孤岛问题。也就是要将物与人的信息打通。人获取了信息之后，可以根据信息判断，做出决策，从而触发下一步操作。但由于人存在个体差异，对于同样的信息，不同的人做出的决策是不同的，如何从信息中获得最优的决策？另外，物获得了信息是不能做出决策的，如何让物在获得了信息之后具有决策能力？智能分析与优化技术是解决这个问题的一种手段，在获得信息后，依据历史经验以及理论模型，快速做出最优决策。数据的分析与优化技术在“两化融合”的工业化与信息化方面都有旺盛的需求。

所以，可以这样说，物联网就是各行各业的智能化。

## 8.1.3　物联网的特征

与传统的互联网相比，物联网有其鲜明的特征。

**1. 它是各种感知技术的广泛应用**

物联网上部署了海量的多种类型的传感器，每个传感器都是一个信息源，不同类别的传感器所捕获的信息内容和信息格式不同。传感器获得的数据具有实时性，按一定的频率周期性地采集环境信息，不断更新数据。

**2. 它是一种建立在互联网上的泛在网络**

物联网技术的重要基础和核心仍旧是互联网，通过各种有线或无线网络与互联网融合，将物体的信息实时准确地传递出去。在物联网上的传感器定时采集的信息需要通过网络传输，由于其数量极其庞大，形成了海量信息，在传输过程中，为了保障数据的正确性和及时性，必须适应各种异构网络和协议。

**3. 具有智能处理的能力**

物联网不仅仅提供了传感器的连接，其本身也具有智能处理的能力，能够对物体实施智能控制。物联网将传感器和智能处理相结合，利用云计算、模式识别等多种智能技术，扩充了它的应用领域。对传感器获得的海量信息进行分析、加工和处理得出有意义的数据，以便适应不同用户的不同需求，发现新的应用领域和应用模式。

**4. 自由的精神实质**

物联网的精神实质是提供不拘泥于任何场合、任何时间的应用场景与用户的自由互动。它依托云服务平台和互通互联的嵌入式处理软件，弱化技术色彩，强化与用户之间的良性互动，更佳的用户体验，更及时的数据采集和分析建议，更自如的工作和生活，是通往智能生活的物理支撑。

### 8.1.4 物联网的发展

物联网的实践最早可以追溯到 1990 年施乐公司的网络可乐贩售机（Networked Coke Machine）。

1991 年，美国麻省理工学院的凯文·阿什顿（Kevin Ashton）教授首次提出了“物联网”的概念。

1995 年，比尔·盖茨在《未来之路》一书中也曾提及物联网，但未引起广泛重视。

1999 年，美国麻省理工学院建立了“自动识别中心”（Auto-ID），提出“万物皆可通过网络互连”，并阐明了物联网的基本含义。

早期的物联网是依托射频识别技术的物流网络，随着技术和应用的发展，物联网的内涵发生了较大的变化。

2003 年，美国《技术评论》提出，传感网络技术将是未来改变人们生活的十大技术之首。

2004 年，日本提出了 u-Japan 计划，该计划力求实现人与人、物与物、人与物之间的连接，希望将日本建设成一个随时、随地、任何物体、任何人均可连接的泛在网络社会。

2005 年在突尼斯举行的“信息社会世界峰会”上，国际电信联盟（International Telecommunication Union，ITU）发布了《ITU 互联网报告 2005：物联网》，其中引用了“物联网”的概念。

至此，物联网的定义已经发生了变化，它的覆盖范围也有了较大的拓展，不再只是基于 RFID 技术的物联网。

2006 年韩国确立了 u-Korea 计划，该计划旨在建立“无所不在的社会”，在民众的生活环境里建设智能型网络（如 IPv6、BcN、USN）和各种新型应用（如 DMB、Telematics、RFID），让民众可以随时随地享有科技智慧服务。

2008 年之后，为了促进科技的发展，寻找新的经济增长点，各国政府开始重视下一代的技术规划，纷纷将目光放在了物联网上。

2009 年，欧盟发表了“欧洲物联网行动”计划，描绘了物联网技术的应用前景，提出欧盟要加强对物联网的管理，促进物联网的发展。

2009 年，IBM 提出了“智慧地球”的概念，建议美国投资新一代的智慧型基础设施。当年，美国将新能源和物联网列为振兴经济的两大重点。

2018 年 9 月，世界物联网博览会在我国江苏举行。

移动技术、物联网技术的发展代表着新一代信息技术的形成，并带动了经济社会形态、创新形态的变革，推动了面向知识社会的以用户体验为核心的下一代创新（创新 2.0）形态的形成，创新与发展更加关注用户、注重以人为本。而创新 2.0 形态的形成又进一步推动新一代信息技术的健康发展。

# 8.2 物联网架构和关键技术

## 8.2.1 物联网架构

物联网架构可分为三层：感知层、网络层和应用层，如图 8-1 所示。

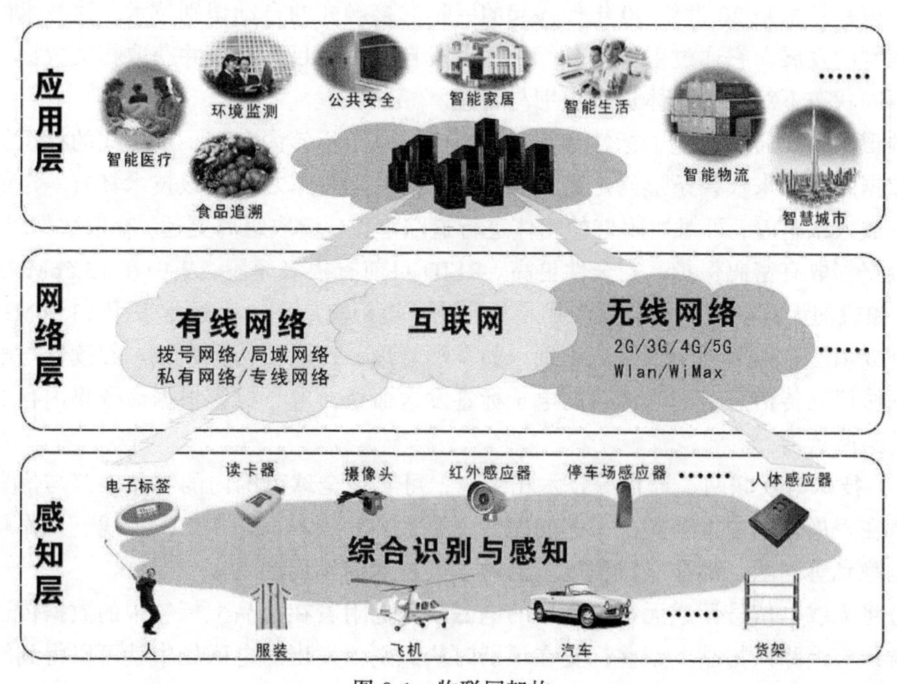


图 8-1 物联网架构

1. 感知层

感知层由各种传感器构成，包括温湿度传感器、二维码标签、RFID 标签，以及读写器、摄像头、红外线、GPS 等感知终端。感知层是物联网识别物体、采集信息的来源。

2. 网络层

网络层由各种网络，包括互联网、广电网、网络管理系统和云计算平台等组成，是整个物联网的中枢，负责传递和处理感知层获取的信息。

3. 应用层

应用层是物联网和用户的接口，它与行业需求相结合，实现了物联网的智能应用。

## 8.2.2 物联网的关键技术

1. 射频识别技术

射频识别（Radio Frequency Identification，RFID）技术又称无线射频识别，是一种通信技术，可通过无线电信号识别特定目标并读写相关数据，而无须识别系统与特定目标之间建立机械或光学接触。RFID 芯片如图 8-2 所示。

图 8-2　RFID 芯片

射频识别技术是 20 世纪 90 年代兴起的一种非接触式的自动识别技术，该技术的商用促进了物联网的发展。它通过射频信号等一些手段自动识别目标对象并获取相关数据，有利于人们在不同状态下对各类物体进行识别与管理。

射频识别系统通常由电子标签和阅读器组成。电子标签内存有一定格式的标识物体信息的电子数据，是未来代替条形码走进物联网时代的关键技术之一。该技术具有一定的优势：能够轻易嵌入或附着，可对所附着的物体进行追踪定位；读取距离更远，存取数据时间更短；标签的数据存取有密码保护，安全性更高。RFID 目前有很多频段，集中在 13.56MHz 频段和 900MHz 频段的无源射频识别标签应用最为常见。短距离应用方面通常采用 13.56MHz HF 频段；而 900MHz 频段多用于远距离识别，如车辆管理、产品防伪等领域。阅读器与电子标签可按通信协议互传信息，即阅读器向电子标签发送命令，电子标签根据命令将内存的标识性数据回传给阅读器。

RFID 技术与互联网、通信等技术相结合，可实现全球范围内的物品跟踪与信息共享。但该技术在发展过程中也遇到了一些问题，主要是芯片成本，如 RFID 天线、工作频率的选择及安全隐私等问题，都在一定程度上制约了该技术的发展。

通过将无线电信号调成无线电频率的电磁场，把附着在物品上标签中的数据传送出去，以自动辨识与追踪该物品。某些标签在识别时从识别器发出的电磁场中就可以得到能量，并不需要电池；也有标签本身拥有电源，并可以主动发出无线电波（调成无线电频率的电磁场）。标签包含了电子存储的信息，数米之内都可以识别。与条形码不同的是，射频标签不需要处在识别器视线之内，也可以嵌入被追踪物体内。

许多行业都运用了射频识别技术。例如，将标签附着在一辆正在生产中的汽车，厂方便可以追踪此车在生产线上的进度。射频标签也可以附于牲畜与宠物上，以便对牲畜与宠物的积极识别（积极识别的意思是防止数只牲畜使用同一个身份）。射频识别的身份识别卡可以使员工轻松进入锁住的建筑部分，汽车上的射频应答器也可以用来征收收费路段与停车场的费用。

某些射频标签还可以附在衣物、个人财物上，甚至植入人体内。由于这项技术可能会在未经本人许可的情况下读取个人信息，故而这项技术也会有侵犯个人隐私的隐患。

射频识别系统最重要的优点是非接触识别，它能穿透雪、雾、冰、涂料、尘垢和条形码无法使用的恶劣环境阅读标签，并且阅读速度极快，大多数情况下不到 100ms。有源式射频识别系统的速写能力也是重要的优点。可用于流程跟踪和维修跟踪等交互式业务。

制约射频识别系统发展的主要问题是不兼容的标准。射频识别系统的主要厂商提供的都是专用系统，导致不同的应用和不同的行业采用不同厂商的频率和协议标准，这种混乱的状况已经制约了整个射频识别行业的增长。许多组织正在着手解决这个问题，并已取得了一些成绩。标准化必将刺激射频识别技术的大幅度发展和广泛应用。

**2. 传感技术**

以互联网为代表的计算机网络技术是 20 世纪计算机科学的一项伟大成果，它给我们的生活带来了深刻的变化，然而网络功能再强大，网络世界再丰富，也终究是虚拟的，它与我们所生活的现实世界还是有一定距离的。在网络世界，很难感知现实世界，很多事情还是无法理解的。传感网络正是在这样的背景下应运而生的一种网络技术，它综合了传感器、低功耗、通信及微机电等技术，可以预见，在不久的将来，传感网络将给我们的生活方式带来革命性的变化。

传感技术同计算机技术与通信技术一起被称为信息技术的三大支柱。传感技术主要研究关于从自然信源获取信息，并对其进行处理（变换）和识别的一门多学科交叉的现代科学与工程技术。传感技术的核心即传感器，它是负责实现物联网中物与物、物与人信息交互的必要组成部分。

传感网是由随机分布的集成有传感器、数据处理单元和通信单元的微小节点，通过自组织的方式构成的无线网络，如图 8-3 所示。

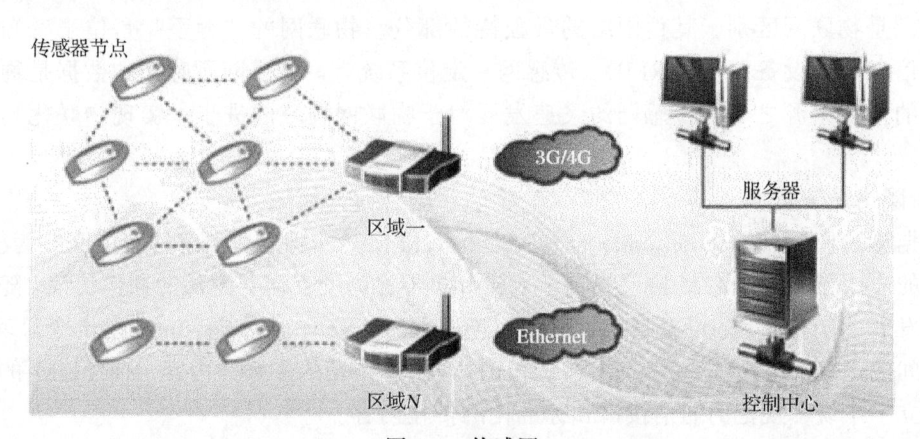


图 8-3 传感网

借助于节点中内置的传感器测量周边环境中的热、红外、声呐、雷达和地震波信号，从而探测温度、湿度、噪声、光强度、压力、土壤成分，以及移动物体的大小、速度和方向等物质现象。

传感网在民用方面，涉及城市公共安全、公共卫生、安全生产、智能交通、智能家居、环境监控等领域。

无线传感器网络由数据获取网络、数据分布网络和控制管理中心三部分组成。其主要组成部分是集成有传感器、数据处理单元和通信模块的节点，各节点通过协议组成一个分布式网络，再将采集来的数据通过优化后经无线电波传输给信息处理中心。

因为节点的数量巨大，而且还处在随时变化的环境中，这就使它有着不同于普通传感器网络的独特“个性”。

第一是无中心和自组网特性。在无线传感器网络中，所有节点的地位都是平等的，没有预先指定的中心，各节点通过分布式算法来相互协调，在无人值守的情况下，节点就能自动组织起一个测量网络。而正是因为没有中心，网络便不会因为单个节点的脱离而受到损害。

第二是网络拓扑的动态变化性。网络中的节点是处于不断变化的环境中，它的状态也在相应地发生变化，加之无线通信信道的不稳定性，网络拓扑因此也在不断地调整变化，而这种变化方式是无人能准确预测出来的。

第三是传输能力的有限性。无线传感器网络通过无线电波进行数据传输，虽然省去了布线的烦恼，但是相对于有线网络，低带宽则成为它的天生缺陷。同时，信号之间还存在相互干扰，信号自身也在不断地衰减。不过因为单个节点传输的数据量并不算大，这个缺点还是可以忍受的。

第四是能量的限制。为了测量真实世界的具体值，各个节点会密集地分布于待测区域内，人工补充能量的方法已经不再适用。每个节点都要储备可供长期使用的能量，或者自己从外部汲取能量（太阳能）。

第五是安全性的问题。无线信道、有限的能量、分布式控制都使得无线传感器网络更容易受到攻击。被动窃听、主动入侵、拒绝服务则是这些攻击的常见方式。因此，安全性在网络的设计中至关重要。

通过感知识别技术，让物品“开口说话、发布信息”，是融合物理世界和信息世界的重要一环，是物联网区别于其他网络的最独特的部分。物联网的“触手”是位于感知识别层的大量信息生成设备，包括 RFID、传感网、定位系统等。传感网所感知的数据是物联网海量信息的重要来源之一。传感网的飞速发展对于物联网领域的进步、实现物联化具有重要的意义。

**3. 网络通信技术**

数据算法模型（Machine to Machine/Man，M2M），是一种以机器终端智能交互为核心的、网络化的应用与服务。M2M 协议规定了人机和机器之间交互需要遵从的通信协议。随着科学技术的发展，越来越多的设备具有了通信和连网能力，Network Everything 逐步变为现实。人与人之间的通信需要更加直观、精美的界面，以及更丰富的多媒体内容，而 M2M 的通信更需要建立一个统一规范的通信接口和标准化的传输内容。

M2M 技术为各行各业提供了集数据的采集、传输、分析及业务管理于一体的综合解决方案，实现业务流程、工业流程更加趋于自动化。主要应用领域包括交通领域（物流管理、定位导航）、电力领域（远程抄表和负载监控）、农业领域（大棚监控、动物溯源）、城市管理（电梯监控、路灯控制）、安全领域（城市和企业安防）、环保领域（污染监控、水土检测）、企业（生产监控和设备管理）和家居（老人和小孩看护、智能安防）等。

目前，人们提到 M2M 的时候，更多的是指非 IT 机器设备通过移动通信网络与其他设备或 IT 系统的通信。放眼未来，人们认为 M2M 的范围不应拘泥于此，而是应该扩展到人对机器、机器对人、移动网络对机器之间的连接与通信。

现在，M2M 的应用遍及电力、交通、工业控制、零售、公共事业管理、医疗、水利、石油等多个行业，如车辆防盗、安全监测、自动售货、机械维修、公共交通管理等。

M2M 不是简单的数据在机器和机器之间的传输，更重要的是，它是机器和机器之间的一种智能化、交互式的通信。也就是说，即使人们没有实时发出信号，机器也会根据既定程序主动进行通信，并根据所得到的数据智能化地做出选择，对相关设备发出正确的指令。可以说，智能化、交互式成为 M2M 有别于其他应用的典型特征，具备这一特征的机器也被赋予了更多的“思想”和“智慧”。

4. 嵌入式系统技术

嵌入式系统技术是综合了计算机软/硬件技术、传感器技术、集成电路技术、电子应用技术于一体的复杂技术。经过几十年的演变，以嵌入式系统为特征的智能终端产品随处可见；小到人们身边的 MP3，大到卫星系统。嵌入式系统正在改变着人们的生活，推动着工业生产以及国防工业的发展。如果把物联网用人体做一个简单的比喻，传感器相当于人的眼睛、鼻子、皮肤；网络相当于神经系统；嵌入式系统则相当于人的大脑，在接收到信息后要进行分类处理。这个例子形象地描述了传感器、嵌入式系统在物联网中的位置与作用。

# 8.3　物联网应用实例

## 8.3.1　物联网智能交通

交通和物联网的结合，是交通突破瓶颈、转型升级的机遇，是物联网理念和技术寻找载体、实现自身价值的必然，是技术和产业的“两相情愿”。

交通拥堵几乎是每个大城市都有的通病，一、二线城市都在承受交通拥堵压力，甚至三线城市也开始出现交通拥堵的情况。交通拥堵不仅增加了人们的出行成本，同时也加大了交通事故的发生率。尤其是在居民上下班高峰期间，所用时间与费用由于堵车而受到严重浪费，影响了居民的生活质量，而城市大范围、长时间的拥堵状况，也严重影响了社会经济的健康发展。

四通八达的交通是国民经济的重要基础设施，智能交通的发展依赖于一系列新技术的发展。物联网的兴起，引领交通系统开始一轮跨越式发展。物联网与传统的交通系统的发展目标在某种程度上十分吻合，而且智能交通的发展已经在全行业奠定了良好的技术应用意识及技术普及基础，物联网应用于交通运输领域特别是物流运输领域，具有良好的适应性。

近年来，我国路网监测密度和实时性不断提高，高速公路电子收费技术得到了推广应用，公交运营实现了监测、调度、出行服务的智能化，智能交通在服务百姓便捷出行和交通科学管理方面发挥着重要作用。

然而，其发展也面临着各种问题。例如，交通建设及管理中积累了大量的基础信息资源，但这些资源的数字化和网络化程度较低，限制了其二次开发和再加工；数据分析、处理、应用能力不足，欠缺针对海量数据的快速、准确的信息提取技术；智能交通系统建设涉及多部门、多领域，协调困难，阻碍了基础信息资源的互通和共享。

物联网的出现，为智能交通产业的突破带来了机遇。

物联网的核心理念是建立整个世界的感知网络，对整个世界进行实时控制、精确管理的科学决策。因此，物联网在交通领域的应用，首先强调统筹考虑各类交通运输方式的交通基础设施、交通运载工具和交通对象，搭建基础交通感知网络，并在此基础上，根据交通领域实际需求开发各类智能管理和服务系统。这种理念将推动智能交通从注重特定业务开发，向共享信息资源平台和特定业务需求开发并重转变。

物联网技术为智能交通提供了更为广阔的发展空间。物联网下的智能交通，采集的信息量将呈指数增长，网络接入时间和控制相应时间要求将达到毫秒级，海量数据分析处理将成为必然，要求相关技术升级换代。以轻型、多模、低成本、长寿命、高可靠传感器、下一代互联网、云计算为代表的新技术的发展，为新一代智能交通发展提供了重要的技术支撑。

智能交通的发展为物联网在交通运输领域的应用创造了良好的软环境，培养人们借助信息化技术和理念来思考交通、改变交通习惯，还为物联网应用进行了信息化基础设施、装备等物质和技术上的储备。

### 1. 电子收费系统

电子收费（Electronic Toll Collection，ETC）系统是我国较早在全国范围内得到大规模应用的智能交通系统。它能够在车辆以正常速度行驶过收费站的时候自动收取费用，降低了收费站附近产生交通拥堵的概率。

在电子收费系统中，车辆需安装一个系统可唯一识别的“电子标签”，且在收费站的车道或公路上设置可读/写该电子标签的标签读写器和相应的计算机收费系统。车辆通过收费站点时，驾驶员不必停车交费，只需以系统允许的速度通过，车载电子标签便可自动与安装在路侧或门架上的标签读写器进行信息交换，收费计算机收集通过车辆的信息，并将收集到的信息上传给后台服务器，服务器根据这些信息识别出道路使用者，然后自动从道路使用者的账户中扣除通行费。

### 2. 实时交通信息服务

实时的交通信息服务是智能交通系统最重要的应用之一，能够为出行者提供实时的信息，如交通线路、交通事故、安全提醒、天气情况等。高效的信息服务系统能够告诉驾驶员他们目前所处的准确位置，通知他们当前路段及附近地区的交通和道路情况，帮助驾驶员选择最优的路线，或者帮助驾驶员找到附近的停车位，甚至预订停车位。智能交通系统还可以为乘客提供实时公交车的到站信息和公交车的位置等信息，以便规划乘客的等车时间和出行时间。

实时交通信息服务是一种协同感知类任务，设置在各交通路口的传感器实时感知路况信息，并实时上传到主控中心，经过数据挖掘与交通规划分析系统，对海量信息进行数据融合和分析处理，并发布给市民。

### 3. 智能交通管理

智能交通管理是一个综合性智能产物，应用了如无线通信、计算技术、感知技术、视频车辆监测、卫星定位系统、探测车辆和设备等重要的物联网技术。这其中还包含了众多的物联网设备，如联网汽车用微控制器、RFID 设备、微芯片、视频摄像设备、导航系统、DSRC设备等。

智能交通是信息社会中交通运输业发展的必然产物。归根结底，发展智能交通就是为了改善人们的生活质量、提高生产效率。结合我国当前实际来看，发展智能交通必须遵循“全面、协调、可持续”的发展观，需要社会多个部门的共同努力，有机整合各方面的资源，找准切入点，才能提高我国交通的智能化水平。

### 8.3.2　物联网智能家居

物联网的出现，为智能家居带来了发展生机。作为最贴近百姓生活的智能家居，也成为物联网进入百姓生活的切入点。智能家居遇到物联网后，整个行业面貌都变得焕然一新了。

提到传统智能家居与物联网智能家居的对比，大家第一个想到的便是是否采用了综合布线技术。当前，是否采用综合布线技术已成为区别物联网智能家居与传统智能家居的一个重要标准。

传统的智能家居均采用有线的方式，不仅需要专业人员来施工、维护，而且施工周期长，费用也较高，系统灵活性差、维护维修难、扩展能力低，很多项目建成后用户根本无法更新升级。

而物联网时代的智能家居则摆脱了这些束缚。物联网的一个基本特征就是无处不在、无所不知。其目标是发展绿色全无线技术，包括感知、通信等不仅功耗极低，而且要求全无线覆盖、高可靠连接、强安全通信、大组网规模、能自我修复。具体到家庭应用就是要求安装简单，使用方便，维护不用操心，扩展随心所欲。简单地说，就是一个普通消费者看着简单的说明书，就能够迅速组装整套智能家居系统，而且不需要专业人员的参与，这是物联网型智能家居产品的一个重要特点。

在不久的将来，物联网技术将无处不在，哪怕是一个最普通的水壶。即便是今天，我们已经可以通过手机来操控电灯、空调甚至是汽车，物联网正在以多样化的形式进入我们的生活。下面以家居环境为例简述物联网技术带来的几个应用实例，相信你在看过之后便会感叹：原来我们还可以这样生活。

烤箱控制功能：为传统烤箱加入 Wi-Fi 功能，用户可以使用手机应用控制温度，包括预热和加温；用户可以下载菜谱，实现更具针对性的烹饪方式。

灯光控制功能：智能灯泡也是一种非常直观、入门的物联网家居体验，任何用户都可以轻松尝试。用户可以通过手机应用实现开关灯、调节颜色和亮度等操作，甚至还可以实现灯光随音乐闪动的效果，把房间变成炫酷的舞池。

插座控制功能：插座可以说是一切家用电器获得电力的基础接口，如果它具备了连接互联网的能力，自然其他电器也同样可以实现。不仅可以实现手机遥控开关电灯、电扇、空调等家电，还能够监测设备用电量，生成图表帮助用户更好地节约能源及开支。

音响控制系统：无线音响采用 Wi-Fi 无线连接，能够接入家庭无线局域网中，让用户通过移动设备来控制音乐播放。相比蓝牙，Wi-Fi 传输信号更广泛且稳定，同时还能够实现每个音箱播放独立的音乐，与智能灯泡等设备联动等功能，更适合家居环境使用。

运动监测系统：科技为人们带来了全新的运动、健身方式，人们可以使用运动手环或智能手表来监测每天的运动量。不仅如此，在家中放置一台新型的智能体重秤，还可以获得更全面的运动监测效果。

个人护理方面：不仅仅是运动、健身监测，物联网技术已经辐射到个人健康护理领域。智能牙刷通过蓝牙与智能手机连接，可以实现刷牙时间、位置提醒，也可以根据用户刷牙的数据生成分析图表，估算出口腔健康情况。

花草养殖：通过物联网技术，只要将智能植物检测器插在土壤中，就可以检测出植物成长情况的湿度、光照、空气状况甚至是施肥量，如果植物需要什么，还能够通过手机通知提醒用户，以保证植物能够茁壮成长。此外，智能洒水器能够分析土壤含水量、温度等多种数据，计算出最佳的浇水量，智能地灌溉花园中的每一株花草。

家庭安全：只要选择几个家庭监控摄像头，就可以组成完整的家庭监控系统。这些摄像头通常具有广角镜头，可拍摄高清视频，并内置了移动传感器、夜视仪等先进功能，用户可以在任何地方通过手机应用查看室内的实时状态。除了监控摄像头，窗户传感器、智能门铃（内置摄像头）、烟雾监测器，都是可以选择的家庭安全设备。

显然，物联网技术真正让科技走进了人们的生活，尤其是家庭生活，通过这些物联网家居设备可以让人们的生活更加轻松、惬意。我们也相信，未来的家庭生活会因物联网变得更加美好。

### 8.3.3 物联网智能医疗

智能医疗结合无线网技术、RFID、物联网技术、移动计算技术、数据融合技术等，将进一步提升医疗诊疗流程的服务效率和服务质量，提升医院综合管理水平，实现监护工作无线化，全面改变和解决现代化数字医疗模式、智能医疗及健康管理、医院信息系统等的问题和困难，并实现医疗资源高度共享，降低公众医疗成本。

通过电子医疗和物联网技术能够使大量的医疗监护的工作实施无线化，而远程医疗和自助医疗，信息及时采集和高度共享，可缓解资源短缺、资源分配不均的窘境，降低公众的医疗成本。

智能医疗的发展分为七个层次：一是业务管理系统，包括医院收费和药品管理系统；二是电子病历系统，包括病人信息、影像信息；三是临床应用系统，包括计算机医生医嘱录入系统等；四是慢性疾病管理系统；五是区域医疗信息交换系统；六是临床支持决策系统；七是公共健康卫生系统。

在远程智能医疗方面，某些医院在移动信息化应用方面已走到了前列。例如，可实现病历信息、病人信息、病情信息等的实时记录、传输与处理利用，使得在医院内部和医院之间通过连网，实时、有效地共享相关信息，这一点对于实现远程医疗、专家会诊、医院转诊等可以起到很好的支撑作用，这主要源于政策层面的推进和技术层的支持。但目前欠缺的是长期运作模式，缺乏规模化、集群化的产业发展，此外还面临成本高昂、安全性及隐私问题等。

将物联网技术用于医疗领域，数字化、可视化模式可使有限的医疗资源让更多人共享。从目前医疗信息化的发展来看，随着医疗卫生社区化、保健化的发展趋势日益明显，通过射频仪器等相关终端设备在家庭中进行体征信息的实时跟踪与监控，通过有效的物联网，可以实现医院对患者或者是亚健康人群的实时诊断与健康提醒，从而有效地减少和控制病患的发生与发展。此外，物联网技术在药品管理和用药环节的应用过程也将发挥巨大作用。

随着安全防范体制和技术的进一步完善和提高，使得医疗行业完全有条件、有能力应用最新的高新科技成果，带领全行业步入一个新的台阶，提供先进、及时的医疗服务，树立自己的行业形象，并能够高效地为用户服务。

### 8.3.4 物联网智能电网

智能电网是在传统电网的基础上构建起来的集传感、通信、计算、决策和控制于一体的综合系统，通过获取电网各层节点资源和设备的运行状态，进行分层次的控制管理和电力调配，实现能量流、信息流和业务流的高度一体化，提高电力系统运行的稳定性，以达到最大限度地提高设备的利用率，提高安全可靠性，提高用户供电质量，提高可再生能源的利用效率。

物联网应用于智能电网是信息通信技术发展到一定阶段的结果，将有效整合通信基础设施资源和电力系统基础设施资源，提高电力系统信息化水平，改善电力系统现有基础设施利用效率，为电网发、输、变、配、用电等环节提供重要的技术支撑。

电力物联网融合了通信、信息、传感、自动化等技术，在电力生产、输送、消费、管理各环节，广泛部署具有一定感知能力、计算能力和执行能力的各种智能感知设备，采用基于 IP 的标准协议，通过电力信息通信网络，实现信息安全可靠传输、协同处理、统一服务及应用集成，从而实现电网运行及企业管理全过程的全景全息感知、互联互通及无缝整合。根据物联网技术的特点及智能电网发展的要求，电力物联网应具备如下 5 个基本特征。

- 全面感知：对电力生产、输送、消费、管理各环节信息的全面智能识别，在信息采集、汇聚处理基础上实现全过程、资产全寿命、客户全方位感知。
- IP 互联：传感器之间、传感器与应用系统之间通过电力物联网标准化通信协议与通信网络，实现信息的有效传递与交互。
- 可靠传输：利用电力光纤、载波、无线专网、互联网等，实现感知层和应用层之间的可靠信息传递。
- 智能处理：综合运用高性能计算、人工智能、分布式数据库等技术，进行数据存储、数据挖掘、智能分析、支撑应用服务、信息呈现、客户交互等业务功能。
- IT 融合：成为企业 IT 架构的延伸，完善补充企业 IT 架构，同时作为企业 IT 架构最重要的组成部分之一，与企业 IT 架构高度融合。

### 8.3.5　物联网智能物流

智能物流是指利用条形码、射频识别技术、传感器、全球定位系统等先进的物联网技术，通过信息处理和网络通信技术平台广泛应用于物流业运输、存储、配送、包装、装卸等基本活动环节，实现货物运输过程的自动化运作和高效率优化管理，提高物流行业的服务水平，降低成本，减少自然资源和社会资源的消耗。物联网是一种能够更好、更快地实现智能物流的信息化、智能化、自动化、透明化的运作模式。智能物流在实施的过程中强调的是数据智慧化、网络协同化和决策智慧化。智能物流在功能上要实现 6 个“正确”，即正确的货物、正确的数量、正确的地点、正确的质量、正确的时间、正确的价格，在技术上要实现物品识别、地点跟踪、物品溯源、物品监控、实时响应。

物流企业一方面可以通过对物流资源进行信息化优化调度和有效配置，以降低物流成本；另一方面在物流过程中加强管理和提高物流效率，可以改进物流服务质量。然而，随着物流的快速发展，物流过程越来越复杂，物流资源优化配置和管理的难度也随之提高，物资在流通过程各环节的联合调度和管理更重要，也更复杂。我国传统物流企业的信息化管理程度还比较低，无法实现物流组织效率和管理方法的提升，阻碍了物流的发展。要实现物流行业的长远发展，就要实现从物流企业到整个物流网络的信息化、智能化，因此，发展智能物流成为了一种必然的趋势。

### 8.3.6 物联网智能农业

农业物联网的一般应用是将大量的传感器节点构成监控网络，通过各种传感器采集信息，以帮助农民及时发现问题，并且准确地确定发生问题的位置，这样农业将逐渐地从以人力为中心、依赖于孤立机械的生产模式转向为以信息和软件为中心的生产模式，从而大量使用各种自动化、智能化、远程控制的生产设备。

传统农业中，浇水、施肥、打药，农民全凭经验、靠感觉。如今，来到农业生产基地，看到的却是另一番景象：瓜果蔬菜该不该浇水？施肥、打药怎样保持精确的浓度？温度、湿度、光照、$CO_2$ 浓度如何实行按需供给？一系列作物在不同生长周期曾被“模糊”处理的问题，都有信息化智能监控系统实时定量“精确”把关，农民只需按个开关、做个选择、或是完全听“指令”，就能种好菜、养好花。

农业物联网即在大棚控制系统中，运用物联网系统的温度传感器、湿度传感器、pH 传感器、光传感器、$CO_2$ 传感器等设备，检测环境中的温度、相对湿度、pH、光照强度、$CO_2$ 浓度等物理量参数，通过各种仪器、仪表实时显示或作为自动控制的参变量参与自动控制中，从而保证农作物有一个良好的、适宜的生长环境。远程控制的实现使技术人员在办公室就能对多个大棚的环境进行监测控制。采用无线网络来测量获得作物生长的最佳条件，可以为温室精准调控提供科学依据，从而达到增产、改善品质、调节生长周期、提高经济效益的目的。

### 8.3.7 物联网智慧城市

物联网发展到今天，已经不再是距离我们生活很遥远的一个概念。前面提到的都是以个人为单位的小概念，而一旦将物联网的概念扩大，就会引出一个关乎更多人生活品质的话题——智慧城市。从概念上来说，智慧城市实质上是利用先进的信息技术，实现城市智慧式管理和运行，重视广域的经济发展，利用低成本、高速的通信和信息技术来促进经济发展及公众福利，进而为城市中的人创造更美好的生活，促进城市的和谐、可持续增长。

作为构成一座城市最重要的部分，建筑无疑是智慧城市首选的改造目标，无论是商场、办公楼等公共建筑还是小区住宅等私人建筑，要想完成智能化的改变，都需要进行专门的规划和设计。

**1. 设计理念的不同**

在规划和设计阶段，智能建筑就要从排水、供电、安防、防火及建筑的根本用途开始规划。通常来说，传统的建筑在设计阶段，只需要关注楼梯结构等部分的设计，而如果是智能建筑，则要将电力供应、信息设备和数据通信等因素考虑进来，构成一个完整的布线系统。将各个独立的空间单元在最初的设计阶段就连接到一起，而这样就可以作为构成智能建筑的基本元素。

同时，绿色环保也是智能建筑概念的重要组成部分，还可以提高楼宇的使用效率。另外，还要提高建筑物的安全性、舒适性与便利性。

**2. 内容设施与物联网结合**

随着物联网产品的普及，这些具备了智能特性的建筑可以更好地与楼内所有的物联网设备整合到一起，不仅仅可以提高楼内人员的办公效率，甚至可以在遇到火灾等紧急情况时第一时间启动应急预案，通知所有人员第一时间疏散，并显示各个逃生通道及出口的人流情况，为消防和安保系统提供基本的通信保障。

而内部设施还可以与各种传感器相连接，除了为安全消防提供便利外，还可以带来更多的环保贡献。例如，法国电信公司在卡涅各个区域安装感应器来监控、测量和控制城市的环境，其中包括公共建筑的供水系统、街道照明控制系统和环境控制系统等，同时以无线网络对海边路灯及海面温度监测器进行全方位覆盖，并且使用污染探测器实时监控 $CO_2$、噪声、紫外线、风速、气压、温度等，然后将数据提供给政府有关部门，供其在市政建设时参考。根据法国电信公司的测算，卡涅的路灯照明占整个城市能源消耗的 40%，而利用感应器，城市街道照明和维护成本可以减少 20%～30%。

另外，不仅仅是公共场所，小区住宅也可以通过智能建筑获得更多的便利。例如，与人们日常生活息息相关的水、电、煤气和宽带资费，都可以通过智能建筑的网络化实时推送到居民的手机中，并在确认后可以直接通过手机付款，而无须再到营业网点排队缴费。另外，小区停车场、安防摄像头、用户报修等都可以与物业网络整合，让居民随时随地看到自家小区的周边环境。

而对于商场这样人流量大的公共场所来说，智能建筑的作用更是具有相当大的潜力。所有商铺都可以将自己的促销优惠信息提交到商场的综合服务器上，然后商场按照一定的规则推送给进入商场内购物的消费者，这样无论是商家的广告促销还是消费者都可以更有针对性地来实现自己的目的。

**3. 后期维护是一个庞大工程**

对于智能建筑来说，建造完后的运营维护也具有相当大的市场潜力。包括日常维护保养、改造以及各类技术服务，都可以通过对系统软件服务的不断改进带来新的功能。

首先，如果硬件设备能够采用模块化的理念，那么无疑可以为后期的产品配置升级提供非常大的便利。科技产品更新换代的速度非常快，而与之形成鲜明对比的是建筑物的寿命通常有几十年。因此，硬件更换就必须要具备方便、低成本及可持续性升级等特点。其次，对于网络软件的维护，也要根据不同时期对于智能建筑功能的不同需求来不断改善及修复，比如对于冬季和夏季不同的温度需求、上下班高峰期和节假日等，都要不断更新系统来充分发挥智能建筑的作用。最后就是专业人员的配备，除硬件维修更换外，对于系统的操作和升级维护，也同样需要非常专业的人才。因此除了智能建筑的开发商和施工方外，对于智能建筑维护人员的培养也是一个长期的过程。

随着城市的扩展、公共设施的完善，以及人口数量的增多，社会安防交通压力也随之巨增。交通问题的解决从单一的安防产品向系统解决方案发展，以科技与互联网为基础的智能通道安防系统已成为趋势，遍及校园、社区、景点等多个领域。

为了获得更丰富的安防信息，所采用的智能通道闸设备类型多种多样，包括三辊闸、翼闸、摆闸、旋转闸、无障碍通道系统等。安防通道闸设备整体来看呈现海量性和异构性的特点，建立智能安防系统的任务就是要整合海量异构设备，对各类感知数据进行综合研判，实现安防预警，并最终提供智能决策，形成完整的智能安防业务流程。

物联网技术的普及应用，使得城市的安防从过去简单的安全防护系统向城市综合化体系演变，尤其是一些重要场所，如机场、码头、水电气厂、桥梁大坝、河道、地铁等，引入物联网技术后可以通过无线移动、跟踪定位等手段建立全方位的立体防护，这同时兼顾了整体城市管理系统、环保监测系统、交通管理系统、应急指挥系统等应用的综合体系。

基于以上智能通道的特点及实际需求，物联网需要在安防通道领域实现以下几方面的技术突破。

- 针对安防设备的异构性特征，需要对异构安防设备进行统一抽象，并基于抽象方法形成规范化接口，以便于异构设备的统一控制访问。针对异构设备数据多样化的特征，需要对设备所产生的数据进行语义描述，建立安防数据的语义描述模型，以便于数据的访问和处理。
- 需要明确智能通道系统的功能和业务，建立基于物联网标识的智能安防设备管理机制。对于安防设备而言，与系统进行交互的最重要的环节是定位寻址，因此，建立高效的安防设备标识管理体系，能够实现异构安防设备互连互通，为异构安防设备的整合和复杂业务的定制提供基础技术支持。
- 在智能安防的应用环境中，需要形成海量数据的综合研判方法，对多元感知数据进行处理，通过建立相应的算法模型，实现原始输入与安防事件的直接关联。同时，需要建立联动控制机制，如根据门磁、红外、视频等综合输入数据引导报警动作发起，实现关联节点、关联设备的远程连网控制，以达到安防体系迅速响应的目的。

智慧城市未来将是全球主要城市的发展目标，而作为构成智慧城市最重要的部分，智能建筑的发展程度将决定智慧城市的改造速度。而无论是大型企业还是小区居民，智能建筑给我们的带来的益处和便利，将具有不可限量的潜力。

# 8.4 大数据、云计算、物联网的关系

物联网的特点在于海量的计算节点和终端，不同于普通软件业务，物联网在处理海量数据时对于计算能力的要求是很高的，而云计算刚好就可以担负起这一角色。当然也可以直接地把云计算当成计算网络的“大脑”，在物联网中起到中枢的作用。

而在云计算这个平台上，决定最终性能的关键因素就是应用的各种算法，而这也是人工智能承担的角色。人工智能同样离不开大数据，同时还要依靠云计算平台来完成深度学习进化。

虽然人工智能的核心在于算法，但是它是根据大量的历史数据和实时数据来对未来进行预测的。所以大量的数据对于人工智能的重要性就不言而喻了，它能够处理和从中学习的数据越多，其预测的准确率也就越高。人工智能需要的是持续的数据流入，而物联网的海量节点和应用产生的数据也是来源之一。另外，对于物联网应用来说，人工智能的实时分析更是能帮助企业提升业绩，通过数据分析和数据挖掘等手段，发现新的业务场景。

从这个层面来说，物联网是目标，人工智能是实现方式，物联网的实现离不开人工智能的发展。人工智能侧重于计算、处理、分析、规划问题，而物联网侧重于解决方案的落地、传输和控制，两者相辅相成。

所以我们可以看到，通过物联网产生、收集海量的数据存储于云平台，再通过大数据分

析，甚至更高形式的人工智能为人类的生产活动、生活所需提供更好的服务。人工智能是程序算法和大数据相结合的产物。

可以简单地认为：人工智能=云计算+大数据（很大部分来自物联网）。随着物联网在生活中的广泛应用，它将成为大数据最大、最精准的来源。

通过上述观点可以得出一个结论：物联网的正常运行是通过大数据传输信息给云计算平台处理，之后人工智能提取云计算平台存储的数据进行活动。云计算、大数据和物联网代表了 IT 领域最新的技术发展趋势，三者既有区别又有联系。三者关系如图 8-4 所示。

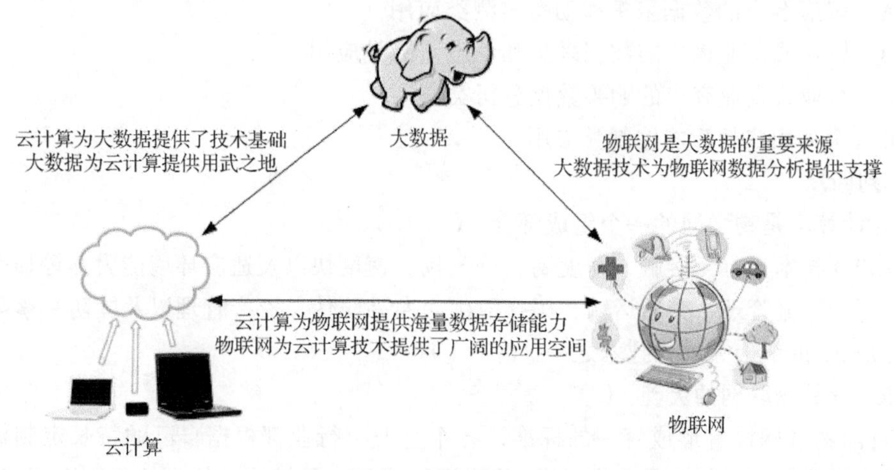


图 8-4 大数据、云计算及物联网的关系

# 习题 8

## 一、单项选择题

1. RFID 属于物联网的（　　）。

A. 感知层　　B. 网络层　　C. 业务层　　D. 应用层

2. 物联网中常提到的“M2M”概念不包括（　　）。

A. 人到人（Man to Man）　　B. 人到机器（Man to Machine）

C. 机器到人（Machine to Man）　　D. 机器到机器（Machine to Machine）

3. 被称为世界信息产业第三次浪潮的是（　　）。

A. 计算机　　B. 互联网　　C. 传感网　　D. 物联网

4. 智能物流系统与传统物流的显著不同是它能够提供传统物流所不能提供的增值服务。下面属于智能物流系统增值服务的是（　　）。

A. 数码仓储应用系统　　B. 供应链库存透明化

C. 物流的全程跟踪和控制　　D. 远程配送

5. 二维码目前不能表示的数据类型是（　　）。

A. 文字　　B. 数字　　C. 二进制　　D. 视频

6.（　　）是负责对物联网收集到的信息进行处理、管理、决策的后台计算处理平台。

A. 感知层　B. 网络层　C. 云计算平台　D. 物理层

7. 物联网的英文名称是（　　）。

A. Internet of Matters　B. Internet of Things

C. Internet of Theorys　D. Internet of Clouds

8. 物联网的核心技术是（　　）。

A. 射频识别　B. 集成电路　C. 无线电　D. 操作系统

9. 以下不属于物联网应用模式的是（　　）。

A. 政府客户的数据采集和动态监测类应用

B. 行业或企业客户的数据采集和动态监测类应用

C. 行业或企业客户的购买数据分析类应用

D. 个人用户的智能控制类应用

**二、判断题**

1. 云计算不是物联网的一个组成部分。（　　）

2. RFID 技术具有无接触、精度高、抗干扰、速度快以及适应环境能力强等显著优点，可广泛应用于物流管理、交通运输、医疗卫生、商品防伪、资产管理以及国防军事等领域，被公认为是 21 世纪十大重要技术之一。（　　）

3. RFID 是物联网的灵魂。（　　）

4. 目前物联网没有形成统一的标准，各个企业、行业都根据自己的特长定制标准，并根据企业或行业标准进行产品生产。这为物联网形成统一的端到端标准体系制造了很大障碍。（　　）

5. 传感器网：由各种传感器和传感器节点组成的网络。（　　）

6. 家庭网：用户在基于个人环境的背景下使用的网络。（　　）

7. 国际电信联盟不是物联网的国际标准组织。（　　）

8. 感知延伸层技术是保证物联网络感知和获取物理世界信息的首要环节，可将现有网络接入能力向物进行延伸。（　　）

9. 物联网中间件平台：用于支撑泛在应用的其他平台，例如，封装和抽象网络和业务能力，向应用提供统一开放的接口等。（　　）

10. 物联网服务可以划分为行业服务和公众服务。（　　）